树木野外实习图鉴

何理　陈世品◎主编

科学出版社
北京

内 容 简 介

本书共收录福建野生（小部分栽培）木本植物104科270属425种（含种下分类群），每种提供1~6张形态图片，全书共计1735张。书中科、属、种名以*Flora of China*为准。内容包括蕨类植物（桫椤科）、裸子植物和被子植物三部分。裸子植物先按叶序划分，各类植物内按科、属、种中文名拼音顺序排列。被子植物先按叶序、叶形态和习性划分，各类植物内按科、属、种中文名拼音顺序排列。内容涵盖了每一个分类群的中文名、拉丁名、别名（部分种）、中文名拼音、科名、属名、与图片一致的关键形态描述、花期/花果期、果期/球果成熟期/种子成熟期、生境和在福建的分布情况。此外，本书还在部分种下列举了相似分类群。

本书可供福建及邻近地区林业类院校树木学课程实习参考，也可以作为相关林业工作人员、研究人员及兴趣爱好者使用。

图书在版编目（CIP）数据

树木野外实习图鉴/何理，陈世品主编. —北京：科学出版社，2018.12 (2023.2重印)

ISBN 978-7-03-060251-0

Ⅰ. ①树… Ⅱ. ①何… ②陈… Ⅲ. ①树木学–图集 Ⅳ. ① S718.4-64

中国版本图书馆CIP数据核字（2018）第296200号

责任编辑：张会格 付 聪/责任校对：郑金红

责任印制：吴兆东/封面设计：金舵手世纪

科学出版社 出版

北京东黄城根北街16号

邮政编码：100717

http://www.sciencep.com

北京中科印刷有限公司 印刷

科学出版社发行 各地新华书店经销

*

2018年12月第 一 版 开本：787×960 1/32

2023年2月第二次印刷 印张：14

字数：245 000

定价：180.00元

（如有印装质量问题，我社负责调换）

《树木野外实习图鉴》编委会

前言 FOREWORD

树木学是我国林业院校非常重要的专业基础课程。野外实习是这门重实践课程至关重要的一环。为了更好地达到实习的教学目标，我们根据福建木本植物的常见程度进行了筛选，并兼顾尽可能多的科属编写了本图鉴。不同学校或不同专业的实习因教学的需要会安排在不同季节，因此我们尽可能地收录了树木的叶、花、果、种子和习性等图片，以满足不同的教学目的或工作需要。

本图鉴并未提供完整的描述，如果读者希望了解更多的关于这些分类群的信息，请查阅 *Flora of China*（FOC）、《中国植物志》、微信公众号“中国植物志”或《福建植物志》。本图鉴中文名和拉丁名几乎都以 FOC 为准，部分中文名与《中国植物志》的有较大差异，习惯使用《中国植物志》的读者，尽可能使用拉丁名检索。尽管本图鉴收录了福建 425 种（含种下分类群）木本植物，但远未包括福建省内所有种类，也未能完整呈现一些种类的识别特征，感兴趣的读者可以参考《福建树木彩色图鉴》（2013 年何国生编著），该书对福建树木有更全面的收录；

也可以参考中国植物图像库（Plant Photo Bank of China，PPBC）和自然标本馆（CFH），这两个图库不仅提供了丰富全面的植物图片，还有相应的中文描述及资源链接。如果你是一个手机重度依赖者，不爱翻阅书籍，推荐你在识别植物的过程中使用形色、花伴侣和百度识图等应用（APP）或系统。

大家在使用本图鉴过程中可能会有一些疑问，比如最新的分类观点支持将杉科（Taxodiaceae）并入柏科（Cupressaceae），但我们仍然使用了杉科和柏科。因为我们这本书以 FOC 为准。为了全书的统一，类似情况我们仍然以 FOC 为准。如果读者对最新的分类系统或分类观点感兴趣，可以使用网络版植物百科全书“多识植物百科”进行了解和学习。《福建植物志》中一些名称在 FOC 中已被归并，而为了使用方便，我们将所知的《福建植物志》中相应的中文名列为别名。

这本书或许不能帮你实现期末的高分，也不能帮你提供完整的野外调查参考，但希望它能陪你走得更远一点，离森林更近一些。作者之一何理在撰写部分书稿的时候正在德国的哥廷根学习，举目四望无亲朋，但在哥廷根种植的来自中国的银杏、杉木和蜡梅等植物让他倍感亲切，如见旧友。这本书或许也能在他日带给你这样的一丝喜悦。希望你的植物之旅愉快。

本书在编写过程中得到了许多同行的帮助，在这里，特别感谢朱鑫鑫博士提供福建植物采集信息，陈彬博士提供技术支持，本书也得到福建农林大学学生的大力支持，在此感谢园林专业13级的叶谋鑫帮助编辑图鉴涉及名录，水土保持与荒漠化防治专业（以下简称：水保）15级的张韵和刘艳帮助整理中文名拼音，林学专业（以下简称：林学）15级的丘丽萍、水保15级的张韵和曾思文、风景园林专业15级的董一凡、生态学专业15级的姚丹帮助初筛和编辑图片，林学16级的曾钰洁、杨钰华、周小强和许静如帮助校改书稿，林学16级的同学们、水保16级的同学们在版式选择上的建议。此外，还要感谢林学院的同仁和马菁女士在版式选择上的建议。最后，感谢马菁女士为本书书名题字，姚丹绘制封面的木棉图。

书中的部分图片，来自业内外的友人，在此真心地感谢他们无私地提供如此精美的图片。为表敬意，我们在相应的图片处署上了拍摄者的名字，未标明拍摄者的图片为编者所拍。

本图鉴的出版得到福建农林大学教材出版基金项目“树木野外实习图鉴”（项目编号：111971713）、福建农林大学林学院林学高峰学科建设项目“《树木野外实习图鉴》教辅图书编写”（项目编号：71201800761）、福建农林大学本科教学改革研究项目“树木学课程资源精细化建设”（项目编号：111416080）、福建农林大学双一流学科建设专项严家显班（林学）（项目编号：71201802905）、中国科学院科技服务网络计划（项目编号：KFJ-3W-No1）、福建省高等学校服务产业特色专业建设：福建农林大学林学（闽教高〔2016〕24 号）的资助。

由于编者水平所限，书中不足或错误之处在所难免，如果各位同行或同学在使用过程中发现任何遗漏或错误，请发邮件至 37644062@qq.com，我们会在未来的版本中予以更正。

何　理　陈世品
2018 年 10 月 18 日
于福州福建农林大学校内

树种检索路径图

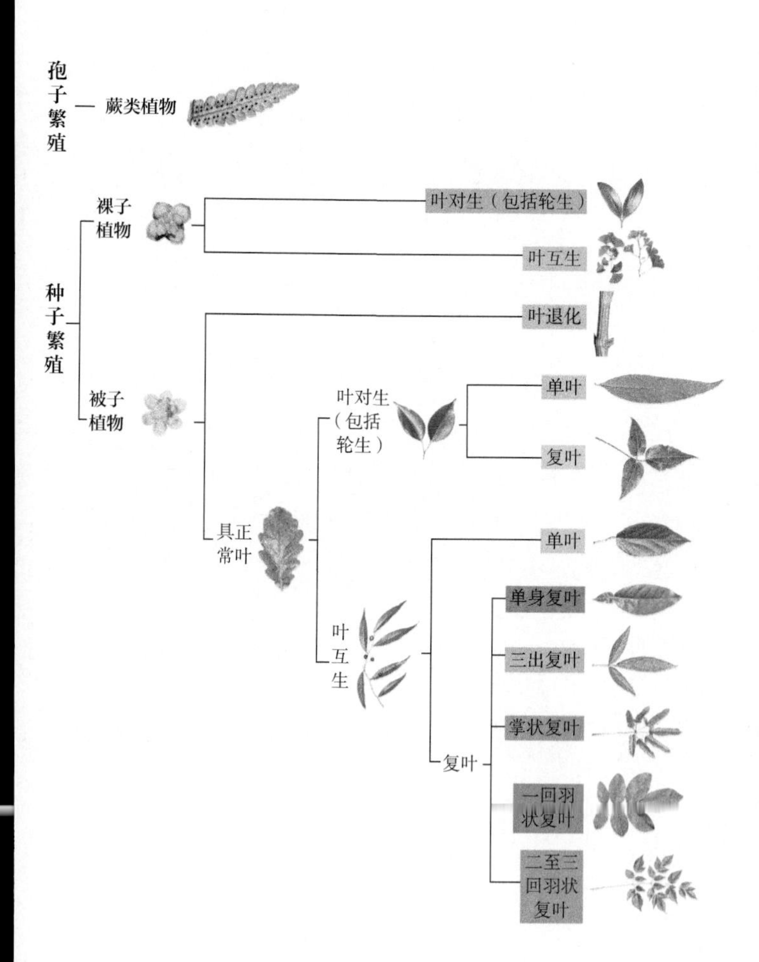

孢子繁殖
蕨类植物
种子繁殖
裸子植物
叶对生（包括轮生）
叶互生
被子植物
叶退化
叶对生（包括轮生）
单叶
复叶
具正常叶
单叶
单身复叶
三出复叶
掌状复叶
一回羽状复叶
二至三回羽状复叶
叶互生
复叶

树种科属检索列表

	叶序及叶的类型	科名及页码	属名及页码
蕨类植物		桫椤科　2	桫椤属　2
裸子植物	叶对生	柏科　4-7	柏木属　4
			侧柏属　5
			刺柏属　6
			福建柏属　7
		红豆杉科　8	榧树属　8
		罗汉松科　9	竹柏属　9
		买麻藤科　10	买麻藤属　10
		三尖杉科　11	三尖杉属　11
		杉科　12	水杉属　12
	叶互生	红豆杉科　13	红豆杉属　13
		罗汉松科　14	罗汉松属　14
		杉科　15-17	柳杉属　15
			杉木属　16
			水松属　17
		松科　18-21	松属　18-20
			油杉属　21
		苏铁科　22	苏铁属　22
		银杏科　23	银杏属　23
被子植物	叶退化	豆科　26	金合欢属　26
		槲寄生科　27	槲寄生属　27
		木麻黄科　28	木麻黄属　28
	单叶对生	北极花科　29	糯米条属　29
		虎耳草科　30-33，85	常山属　30
			冠盖藤属　85
			溲疏属　31
			绣球属　32，33
		黄杨科　34	黄杨属　34

续表

	叶序及叶的类型	科名及页码	属名及页码
被子植物	单叶对生	夹竹桃科　86-90	链珠藤属　86
			络石属　87, 88
			水壶藤属　89
			羊角拗属　90
		金虎尾科　91	风筝果属　91
		金粟兰科　35	草珊瑚属　35
		锦带花科　36	锦带花属　36
		苦苣苔科　37	吊石苣苔属　37
		萝藦科　92-94	匙羹藤属　93
			球兰属　92
			醉魂藤属　94
		马鞭草科　38-46	大青属　38, 39
			豆腐柴属　40
			假连翘属　41
			马缨丹属　42
			紫珠属　43-46
		马钱科　47、48、95、96	钩吻属　95
			蓬莱葛属　96
			醉鱼草属　47, 48
		毛茛科　97	铁线莲属　97
		木犀科　49-51	木犀属　49
			女贞属　50, 51
		槭树科　52-54	槭属　52-54
		茜草科　55-64、98-103	巴戟天属　98
			粗叶木属　55
			风箱树属　56
			钩藤属　99
			狗骨柴属　57
			虎刺属　58
			鸡矢藤属　100
			九节属　59, 101

续表

	叶序及叶的类型	科名及页码	属名及页码
被子植物	单叶对生	茜草科 55-64、98-103	流苏子属 102
			茜树属 60
			水团花属 61
			乌口树属 62, 63
			玉叶金花属 103
			栀子属 64
		忍冬科 104	忍冬属 104
		瑞香科 65, 66	荛花属 65, 66
		桑寄生科 67	梨果寄生属 67
		省沽油科 68	山香圆属 68
		使君子科 105	使君子属 105
		桃金娘科 69-72	番石榴属 69
			蒲桃属 70, 71
			桃金娘属 72
		藤黄科 73-75	金丝桃属 73, 74
			藤黄属 75
		卫矛科 76	卫矛属 76
		五福花科 77	荚蒾属 77
		玄参科 78	泡桐属 78
		野牡丹科 79-84	柏拉木属 79
			金锦香属 80
			野海棠属 81, 82
			野牡丹属 83, 84
	复叶对生	马鞭草科 106	牡荆属 106
		毛茛科 110	铁线莲属 110
		木犀科 111, 112	素馨属 111, 112
		省沽油科 107	野鸦椿属 107
		芸香科 108	蜜茱萸属 108
		紫葳科 109	菜豆树属 109
	单叶互生	安息香科 113-118	安息香属 113-115
			白辛树属 116

续表

	叶序及叶的类型	科名及页码	属名及页码
被子植物	单叶互生	安息香科　113-118	赤杨叶属　117
			陀螺果属　118
		八角枫科　119	八角枫属　119
		百合科　310	菝葜属　310
		大风子科　120-123	脚骨脆属　120
			山桐子属　121
			天料木属　122
			柞木属　123
		大戟科　124-140，311	黑面神属　124, 125
			石栗属　126
			算盘子属　127, 128
			土蜜树属　129
			乌桕属　130, 131
			五月茶属　132, 133
			野桐属　134-137, 311
			叶下珠属　138
			油桐属　139, 140
		冬青科　141-145	冬青属　141-145
		豆科　312	羊蹄甲属　312
		杜鹃花科　146-158	吊钟花属　146
			杜鹃属　147-153
			马醉木属　154
			越桔属　155-157
			珍珠花属　158
		杜英科　159-161	杜英属　159, 160
			猴欢喜属　161
		杜仲科　162	杜仲属　162
		椴树科　163, 164	扁担杆属　163
			椴树属　164
		番荔枝科　313，314	瓜馥木属　313
			假鹰爪属　314
		防己科　315	木防己属　315

续表

	叶序及叶的类型	科名及页码	属名及页码
被子植物	单叶互生	古柯科　165	古柯属　165
		海桐花科　166,167	海桐花属　166, 167
		禾本科　168	刚竹属　168
		胡椒科　316	胡椒属　316
		胡颓子科　317	胡颓子属　317
		桦木科　169-171	鹅耳枥属　169
			桦木属　170
			桤木属　171
		金缕梅科　172-177	枫香树属　172
			檵木属　173
			蜡瓣花属　174, 175
			蚊母树属　176
			蕈树属　177
		锦葵科　178-181	梵天花属　178, 179
			木槿属　180
			赛葵属　181
		旌节花科　182	旌节花属　182
		苦槛蓝科　183	苦槛蓝属　183
		蓝果树科　184，185	蓝果树属　184
			喜树属　185
		猕猴桃科　186，318-321	猕猴桃属　318-321
			水东哥属　186
		木兰科　187-193	鹅掌楸属　187
			含笑属　188-192
			木莲属　193
		桤叶树科　194	桤叶树属　194
		荨麻科　274, 275	苎麻属　274
			紫麻属　275
		蔷薇科　195-202 322-326	桂樱属　195
			火棘属　196
			枇杷属　197
			石斑木属　198

续表

	叶序及叶的类型	科名及页码	属名及页码
被子植物	单叶互生	蔷薇科　195-202，322-326	石楠属　199-201
			悬钩子属　322-326
			樱属　202
		壳斗科　203-218	柯属　203，204
			栎属　205，206
			栗属　207
			青冈属　208，209
			水青冈属　210
			锥属　211-218
		茄科　219，220	茄属　219，220
		清风藤科　221，327，328	泡花树属　221
			清风藤属　327，328
		瑞香科　222	结香属　222
		桑科　223-233，329，330	波罗蜜属　223
			构属　224、225，329
			榕属　226-231，330
			桑属　232
			柘属　233
		山茶科　234-248	核果茶属　234
			厚皮香属　235
			柃木属　236-240
			木荷属　241
			山茶属　242-247
			杨桐属　248
		山矾科　249-255	山矾属　249-255
		山柑科　331	山柑属　331
		山榄科　256	肉实树属　256
		山龙眼科　257	山龙眼属　257
		山茱萸科　258，259	青荚叶属　258
			山茱萸属　259
		柿树科　260，261	柿树属　260，261

续表

	叶序及叶的类型	科名及页码	属名及页码
被子植物	单叶互生	鼠李科 262-265, 332, 333	勾儿茶属 332
			马甲子属 262
			鼠李属 263, 333
			枳椇属 264, 265
		檀香科 266	寄生藤属 266
		铁青树科 267	青皮木属 267
		卫矛科 334, 335	南蛇藤属 334, 335
		无患子科 268	车桑子属 268
		梧桐科 269-271	翅子树属 269
			苹婆属 270
			梧桐属 271
		五加科 272, 336	常春藤属 336
			树参属 272
		五味子科 337	南五味子属 337
		小檗科 273	小檗属 273
		杨柳科 276-279	柳属 276-279
		杨梅科 280	杨梅属 280
		榆科 281-283	朴属 281
			山黄麻属 282
			榆属 283
		远志科 284	远志属 284
		樟科 285-300	檫木属 285
			木姜子属 286, 287
			楠属 288, 289
			润楠属 290-294
			山胡椒属 295-298
			樟属 299, 300
		紫金牛科 301-308, 338, 339	杜茎山属 301
			蜡烛果属 302
			酸藤子属 338, 339
			铁仔属 303
			紫金牛属 304-308
		棕榈科 309	省藤属 309

续表

	叶序及叶的类型	科名及页码	属名及页码
被子植物	单身复叶互生	芸香科 340, 341	柑橘属 340, 341
	三出复叶互生	大戟科 342	秋枫属 342
		豆科 343, 344, 348, 349	葛属 348
			胡枝子属 343
			黧豆属 349
			小槐花属 344
		木通科 350, 351	大血藤属 350
			木通属 351
		蔷薇科 345, 352, 353	蔷薇属 352
			悬钩子属 345, 353
		五加科 346	五加属 346
		芸香科 347, 354	飞龙掌血属 354
			柑橘属 347
	掌状复叶互生	木棉科 355	木棉属 355
		木通科 358	野木瓜属 358
		葡萄科 359	崖爬藤属 359
		五加科 356, 357	鹅掌柴属 356
			五加属 357
	一回羽状复叶互生	伯乐树科 360	伯乐树属 360
		豆科 361-366, 386-389	番泻决明属 361
			红豆属 362, 363
			黄檀属 364, 386
			鸡血藤属 387
			木蓝属 365
			鱼藤属 388
			皂荚属 366
			紫藤属 389
		胡桃科 367-370	枫杨属 367
			化香树属 368
			黄杞属 369
			青钱柳属 370

续表

	叶序及叶的类型	科名及页码	属名及页码
被子植物	一回羽状复叶互生	苦木科　371, 372	臭椿属　371
			苦木属　372
		楝科　373, 374	麻楝属　373
			香椿属　374
		牛栓藤科　375	红叶藤属　375
		葡萄科　390	蛇葡萄属　390
		漆树科　376-380	黄连木属　376
			南酸枣属　377
			漆树属　378, 379
			盐肤木属　380
		蔷薇科　381, 391-393	蔷薇属　381, 391-393
		无患子科　382-384	荔枝属　382
			龙眼属　383
			无患子属　384
		小檗科　385	十大功劳属　385
		芸香科　394	花椒属　394
	二至三回羽状复叶互生	豆科　395-399, 403, 404	海红豆属　395
			合欢属　396, 397
			猴耳环属　398
			榼藤属　403
			银合欢属　399
			云实属　404
		楝科　400	楝属　400
		五加科　401	楤木属　401
		小檗科　402	南天竹属　402

目录

CONTENTS

蕨类植物

裸子植物

被子植物

Pteridophyte
P
蕨类植物

中文名：**桫椤**

拉丁名：*Alsophila spinulosa*

拼音：suō luó

科名：桫椤科 Cyatheaceae

属名：桫椤属 *Alsophila*

别名：刺桫椤

1 高大树蕨，主干直立；叶簇生于主干顶部，叶片长达3m，三回羽状深裂。
2 叶脉羽状，分离，侧脉二叉；孢子囊群圆球形，囊群盖球形，膜质。
3 叶柄新鲜时常为绿色，常有小刺或疣突。

摄影：2．罗萧

【生境】生于林下沟谷、溪边或林缘湿地。

【分布】漳州市（南靖县、平和县）、三明市（永安市）、福州市（福清市）等地。

裸子植物

Gymnosperm

中文名：**柏 木**

拼音：bǎi mù

拉丁名：*Cupressus funebris*

科名：柏科 Cupressaceae

属名：柏木属 *Cupressus*

叶对生

1　雌球花近球形，发育的珠鳞基部具 5～6 直生胚珠。
2　叶鳞形，交互对生；球果圆球形。
3　种子两侧有狭翅。
4　雌球花。
5　雌雄同株；雄球花圆柱形。
6　常绿乔木。

【花期】3～5 月。

【球果成熟期】5～6 月。

【分布】各地有栽培。

中文名：**侧　柏**

拉丁名：*Platycladus orientalis*

拼音：cè bǎi
科名：柏科 Cupressaceae
属名：侧柏属 *Platycladus*
别名：扁柏

叶对生

1　雄球花卵形。
2　雌球花有 4 对交叉对生的珠鳞。
3　种鳞扁平，种子长卵圆形，无翅。
4　小枝扁平，排成一平面；叶鳞形，交叉对生。
5　常绿乔木，树皮纵裂成薄片状脱落。

摄影：1. 赵俊

【花期】3～4 月。
【球果成熟期】10 月。
【分布】各地广为栽培。

中文名：**刺　柏**

拉丁名：*Juniperus formosana*

拼音：cì bǎi

科名：柏科 Cupressaceae

属名：刺柏属 *Juniperus*

1　雄球花单生于叶腋。
2　球果肉质，被白粉，成熟时不开裂或近顶端开裂。
3　枝斜展或直伸，小枝下垂。
4　叶线状披针形，3 叶轮生，近轴叶面有白色气孔带。
5　常绿乔木。

【花期】3 月。

【球果成熟期】10 月。

【生境】散生于干燥的坡地。

【分布】各地常见。

中文名：**福建柏**

拉丁名：*Fokienia hodginsii*

拼音：fú jiàn bǎi

科名：柏科 Cupressaceae

属名：福建柏属 *Fokienia*

1　雌球花生于小枝顶端，有6～8对交叉对生的珠鳞。
2　叶鳞形，两对交叉对生，成节状，上面叶蓝绿色，下面叶具白色气孔带。
3　种子有大小不等的薄翅。
4　雄球花生于小枝顶端；生鳞叶的小枝扁平。
5　球果圆球形，种鳞盾形。

【花期】3～4月。

【球果成熟期】10～11月。

【生境】生于海拔100～700m的疏林中或林缘。

【分布】福州市（永泰县）、莆田市（仙游县）、泉州市（德化县）、三明市（永安市）、龙岩市（漳平市、上杭县）、漳州市（华安县）。

中文名：**榧　树**

拉丁名：*Torreya grandis*

拼音：fěi shù

科名：红豆杉科 Taxaceae

属名：榧树属 *Torreya*

别名：香榧、榧

1　叶背淡绿色，有 2 条与中脉近等宽的气孔带。
2　种子卵圆形、倒卵圆形或长圆形，全部被假种皮所包。
3　叶交叉对生或近对生，排成两列，线形，通常直，顶端锐尖，并有刺状短尖。
4　常绿乔木，树皮成不规则纵裂；小枝近对生或近轮生。

摄影：3. 朱鑫鑫

【花期】4 月。
【种子成熟期】9～11 月。
【生境】生于林缘、溪边或路旁。
【分布】南平市（武夷山市、建瓯市）等地。

中文名：**竹　柏**

拉丁名：*Nageia nagi*

拼音：zhú bǎi

科名：罗汉松科 Podocarpaceae

属名：竹柏属 *Nageia*

1　叶交叉对生，厚革质，无明显中脉，有多数平行细脉，具短柄。
2　种子生于非肉质种托上，种梗上有苞片脱落的痕迹。
3　种子圆球形，骨质外种皮黄褐色。
4　球花单性，雌雄异株；雄球花单生于叶腋，排成具分枝的穗状花序。
5　常绿乔木；成熟时假种皮紫黑色或暗紫色，被白粉。

【花期】3～4 月。

【种子成熟期】10～11 月。

【生境】生于林中阴湿地或溪边。

【分布】各地常见。

中文名：**小叶买麻藤**

拉丁名：*Gnetum parvifolium*

拼音：xiǎo yè mǎi má téng

科名：买麻藤科 Gnetaceae

属名：买麻藤属 *Gnetum*

1 种子核果状，成熟时假种皮鲜红色或红色，肉质，无种柄或近无柄。
2 种子干后表面常有细纵皱纹。
3 木质缠绕藤本。
4 雄球花序不分枝或一次分枝；花穗具轮环状总苞，每轮具雄花 40～70 朵。
5 节膨大；单叶对生，革质，长 4～10cm，全缘。

【花期】4～7 月。

【种子成熟期】7～11 月。

【生境】生于海拔 100～1000m 的林下，多攀缘于树上。

【分布】龙岩市、漳州市（华安县）、泉州市（永春县）、莆田市（仙游县）、福州市（永泰县、福清市）、南平市、宁德市。

中文名：三尖杉

拉丁名：*Cephalotaxus fortunei*

拼音：sān jiān shān

科名：三尖杉科 Cephalotaxaceae

属名：三尖杉属 *Cephalotaxus*

1 雌球花通常着生于小枝基部的苞腋，每苞片基部有 2 胚珠。
2 种子成熟时假种皮紫色或紫红色，顶端有小尖头；叶背有白色气孔带。
3 常绿乔木，叶螺旋状着生，排成 2 列，线状披针形，常弯曲，长 5～12cm。
4 球花单性，雌雄异株；雄球花 8～10 朵聚生成头状，着生于叶腋。
5 树皮褐色或红褐色，裂成片状剥落。

【花期】4 月。

【种子成熟期】9～11 月。

【生境】散生于林缘、溪边及路旁阴湿地。

【分布】各地较常见。

中文名：**水　杉**

拉丁名：*Metasequoia glyptostroboides*

拼音：shuǐ shān

科名：杉科 Taxodiaceae

属名：水杉属 *Metasequoia*

1　侧生小枝对生或近对生，排列成 2 列，呈羽状，冬季脱落；球果下垂，近球形。
2　叶交叉对生，排成 2 列，叶线形，扁平，柔软，近无柄。
3　球果有长梗，种鳞交叉对生，盾形，木质，顶部宽而凹陷，宿存。
4　落叶乔木，树干基部常膨大，树皮浅裂成狭长条片脱落。

摄影：3．朱鑫鑫

【花期】2～3 月。
【球果成熟期】10～11 月。
【分布】各地多有栽培。

中文名：**南方红豆杉**

拉丁名：*Taxus wallichiana* var. *mairei*

拼音：nán fāng hóng dòu shān

科名：红豆杉科 Taxaceae

属名：红豆杉属 *Taxus*

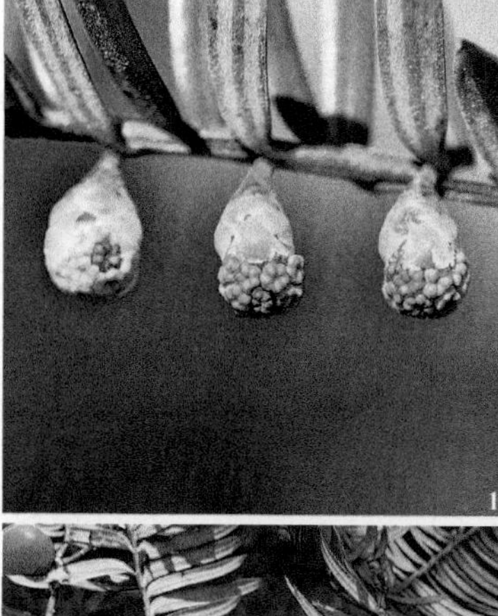

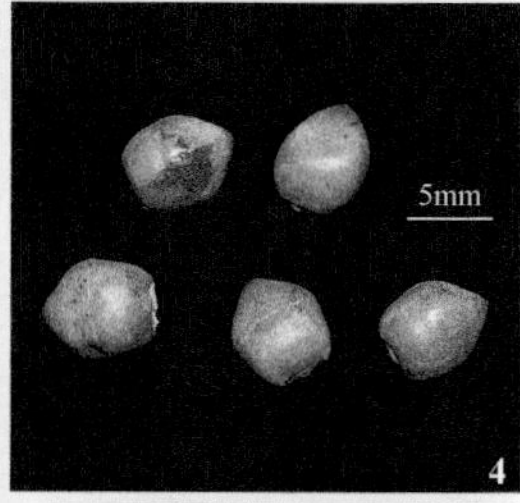

1　球花单性异株，单生叶腋；雄球花圆球形，雄蕊 8～14，花药 4～8。
2　种子为珠托发育成的红色杯状肉质假种皮所包。
3　叶螺旋状着生，基部扭转呈二列状，线形，通常呈弯镰刀状。
4　种子倒卵圆形，上部较宽，稍扁，外种皮坚硬。
5　常绿乔木，树皮裂成狭长薄片脱落。

【花期】2 月。

【种子成熟期】10～11 月。

【生境】多生于海拔 800m 以上的林中、林缘及溪谷边。

【分布】各地常见。

中文名：罗汉松

拉丁名：*Podocarpus macrophyllus*

拼音：luó hàn sōng

科名：罗汉松科 Podocarpaceae

属名：罗汉松属 *Podocarpus*

别名：土杉

叶互生

1 雌雄异株；雄球花穗状，通常 3～5 穗簇生于叶腋。
2 种子被白粉，着生于肥厚肉质的种托上。
3 种托后期红色或紫红色。
4 叶线状披针形。
5 常绿乔木。

【花期】3～4 月。

【种子成熟期】8～9 月。

【分布】三明市（永安市）、龙岩市（永定区）、宁德市（福鼎市），常栽培。

中文名：**柳 杉**

拉丁名：*Cryptomeria fortunei*

拼音：liǔ shān

科名：杉科 Taxodiaceae

属名：柳杉属 *Cryptomeria*

叶互生

1 球花单性，雌雄同株；雄球花单生于叶腋，长圆形。
2 球果近球形，生于短枝上
3 叶螺旋状着生，锥形或钻形，略向内弯。
4 球果具种鳞约 20，上部有 4～5 个裂齿，鳞背有三角状分离的苞鳞尖头。
5 常绿乔木，树皮红褐色，纵裂成长条片脱落。

【花期】3～4 月。

【球果成熟期】9～10 月。

【生境】生于海拔较高的山地林中或沟谷边。

【分布】内陆山区较常见。

中文名：**杉　木**

拉丁名：*Cunninghamia lanceolata*

拼音：shān mù

科名：杉科 Taxodiaceae

属名：杉木属 *Cunninghamia*

别名：杉

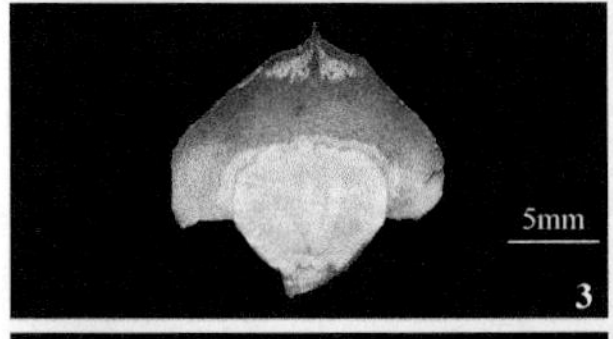

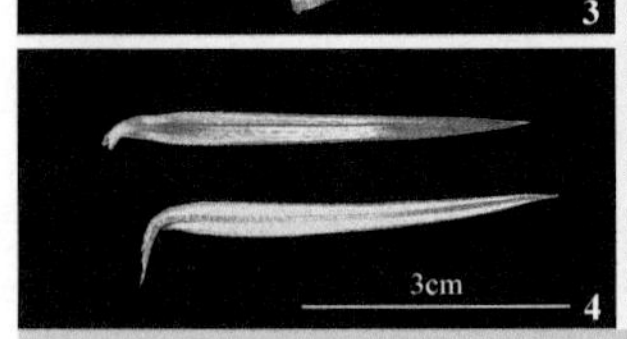

1　叶在侧枝上排成二列状；雄球花簇生于枝顶。
2　种子扁平，卵状长圆形或不规则长圆形，褐色，两侧有狭翅。
3　苞鳞三角状卵形，顶端有刺尖；种鳞小，顶端 3 裂，上面基部有 3 粒种子。
4　叶披针形或线状披针形，缘有细齿，下面沿中脉两侧有白色气孔带。
5　球果生于枝顶，苞鳞背面有白色气孔带。
6　常绿乔木，树皮成长条片脱落。

【花期】1～3 月。

【球果成熟期】8～11 月。

【生境】生于海拔 1200m 以下的山谷河岸或缓坡地带。

【分布】广泛栽培于各地。

中文名：**水 松**

拉丁名：*Glyptostrobus pensilis*

拼音：shuǐ sōng

科名：杉科 Taxodiaceae

属名：水松属 *Glyptostrobus*

1 线形叶较长且薄，两侧扁平，常排成 2 列；线状钻形叶，常排成 3 列或螺旋状着生；线形叶和线状钻形叶均于冬季与小枝一起脱落。

2 相似分类群：落羽杉（*Taxodium distichum*），落叶乔木；叶线形，在侧生小枝上排成 2 列，呈羽状，与侧生小枝一起凋落；球果的种鳞盾状，成熟后与种子一起脱落。

3 球果的种鳞扁平或具棱脊，种子脱落后种鳞陆续脱落。

4 落叶或半常绿乔木；叶二型；鳞片叶小，紧贴小枝，冬季不脱落。

【花期】1～2 月。

【球果成熟期】9～10 月。

【生境】散生于溪河两岸及村旁池边路旁。

【分布】龙岩市（漳平市）、泉州市（德化县）、莆田市（仙游县）、福州市（长乐区、连江县）等地，各地也常见栽培。

中文名：**黑　松**

拉丁名：*Pinus thunbergii*

拼音：hēi sōng

科名：松科 Pinaceae

属名：松属 *Pinus*

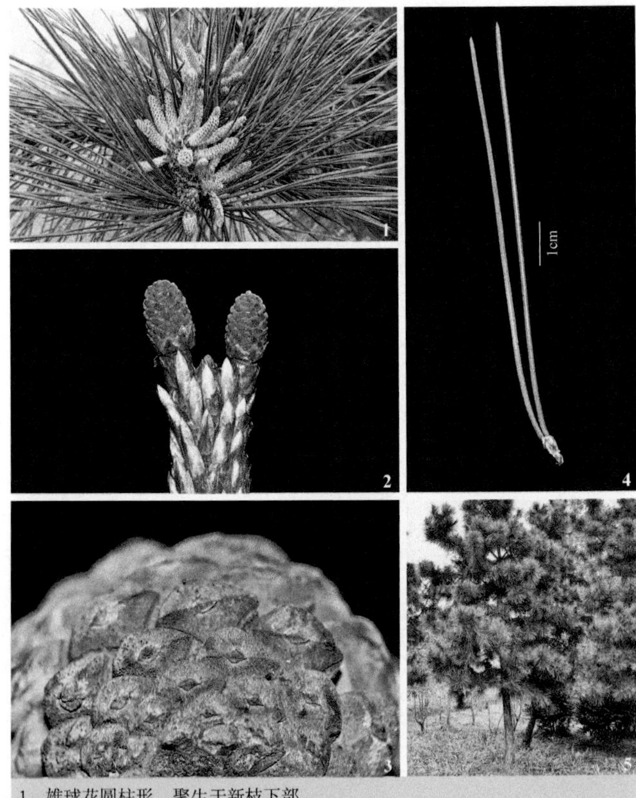

1　雄球花圆柱形，聚生于新枝下部。
2　雌球花单生或 2～3 朵聚生于新枝顶端，直立。
3　鳞盾突起，横脊显著，鳞脐微凹。
4　针叶 2 针一束，粗硬，浓绿色，长 6～14cm。
5　常绿乔木，树皮裂成不规则块片状脱落。

【花期】3～4 月。

【球果成熟期】10 月。

【分布】各地有种植（原生于日本及朝鲜半岛南部沿海地区）。

中文名：**马尾松**
拉丁名：*Pinus massoniana*

拼音：mǎ wěi sōng
科名：松科 Pinaceae
属名：松属 *Pinus*

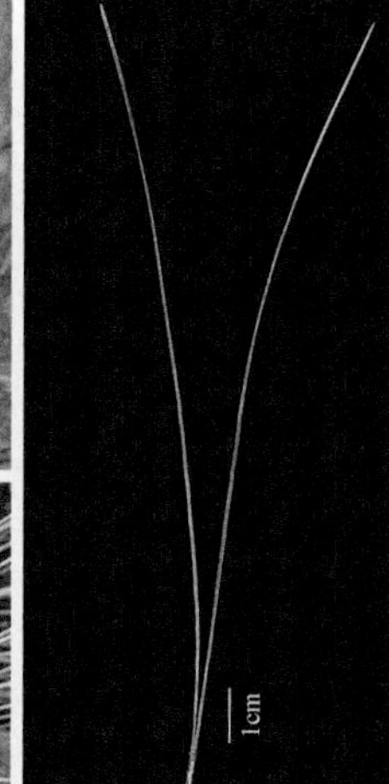

1 雄球花密集成穗状，着生于新枝下部。
2 球果下垂；发育种鳞具2粒具翅的种子。
3 鳞盾稍具横脊，鳞脐微凹。
4 针叶常2针一束，细长而柔软，稍扭曲，长12～20cm。
5 乔木，树皮裂成不规则鳞状块片或条状厚块片脱落。

【花期】3～4月。
【球果成熟期】9～10月。
【生境】生于海拔1300m以下的山地。
【分布】各地极常见。

中文名：**台湾松**

拉丁名：*Pinus taiwanensis*

拼音：tái wān sōng

科名：松科 Pinaceae

属名：松属 *Pinus*

别名：黄山松

1 雄球花聚生于新枝下部呈短穗状。

2 针叶2针一束，稍硬直，长7～12cm。

3 球果向下弯垂，鳞盾肥厚。

4 乔木，树皮裂成鳞状厚块片或薄片状脱落。

【花期】3～4月。

【球果成熟期】10月。

【生境】生于海拔1100～2000m的山地。

【分布】内陆高山地区常见。

中文名：**油　杉**

拉丁名：*Keteleeria fortunei*

拼音：yóu shān

科名：松科 Pinaceae

属名：油杉属 *Keteleeria*

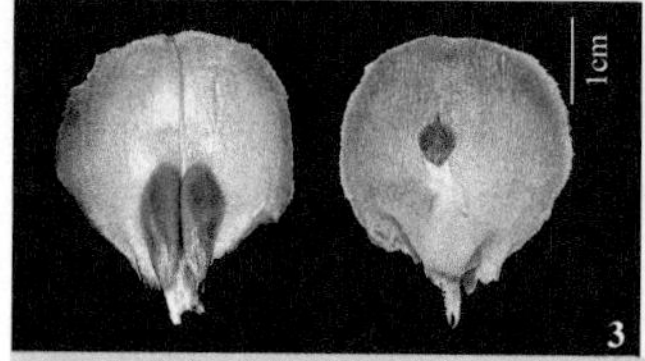

1　雌雄同株，雄球花4～8朵簇生于侧枝顶端或叶腋。
2　球果直立，圆柱形。
3　每种鳞上有2粒具阔翅的种子；苞鳞位于种鳞背面，中部狭，顶端3裂，中央裂片狭长。
4　叶线形，螺旋状着生或在侧枝上排成2列。
5　常绿乔木，枝条开展。

摄影：1. 徐明杰

【花期】3～4月。

【球果成熟期】9～10月。

【生境】生于海拔1000m以下的阳坡或林缘。

【分布】沿海各地较常见。

中文名：**苏　铁**

拉丁名：*Cycas revoluta*

拼音：sū tiě

科名：苏铁科 Cycadaceae

属名：苏铁属 *Cycas*

别名：铁树

1　种子倒卵圆形，稍扁，幼时密被灰黄色绒毛，后逐渐脱落，外种皮橘红色。

2　常绿木本植物；营养叶大，集生茎顶，一回羽状深裂，裂片线形，宽4～6mm，边缘明显向下反卷。

3　大孢子叶扁平，聚生茎干顶部，边缘羽状分列，裂片下部急缩成柄，柄中部两侧着生胚珠。

4　雌雄异株；雄球花圆柱形，小孢子叶顶端宽平并有锐尖头，下面密生小孢子囊。

【花期】5～7月。

【种子成熟期】9～10月。

【分布】各地多有栽培。

中文名：**银　杏**

拉丁名：*Ginkgo biloba*

拼音：yín xìng
科名：银杏科 Ginkgoaceae
属名：银杏属 *Ginkgo*
别名：白果、公孙树、鸭脚子、鸭掌树

1　球花单性，雌雄异株；雄球花成短葇荑花序状，生于短枝顶部，成簇生状。
2　叶在长枝上螺旋状散生，在短枝上簇生于枝端，叶片扇形，2 裂或具波状缺刻，具多数二叉并列的细脉。
3　种子核果状，椭圆形至圆球形，有长梗，有臭味，外种皮被白粉。
4　落叶大乔木。

【花期】3～4 月。
【种子成熟期】9～10 月。
【分布】各地多有栽培。

被子植物

Angiosperm

台湾相思

中文名：台湾相思

拉丁名：*Acacia confusa*

拼音：tái wān xiāng sī

科名：豆科 Fabaceae

属名：金合欢属 *Acacia*

别名：相思树

1 头状花序球形，黄色，每 2～3 个聚生于叶腋，总花梗纤细；花瓣 5，辐射对称，雄蕊多数，花柱长。
2 种子卵形，略扁，具种柄。
3 荚果带形，扁平，无毛。
4 叶片退化，叶柄特化为叶片状，稍呈镰刀状弯曲。
5 常绿乔木。

【花期】3～10 月。
【果期】8～12 月。
【生境】生于荒山坡。
【分布】各地可见。

中文名：**扁枝槲寄生**

拉丁名：*Viscum articulatum*

拼音：biǎn zhī hú jì shēng

科名：槲寄生科 Viscaceae

属名：槲寄生属 *Viscum*

1 花小，单性，雌雄同株，通常每3朵簇生于节上，中央为雌花，两侧为雄花。

2 浆果肉质，卵状椭圆形，成熟时黄色。

3 寄生亚灌木；茎绿色，老茎近圆形，小枝扁，2～3叉状分枝；叶退化成鳞片状。

【花果期】5～12月。

【生境】常寄生于柿、壳斗科植物的树上。

【分布】漳州市（诏安县）、厦门市、福州市（闽侯县）、龙岩市（上杭县）、宁德市（古田县）、南平市（松溪县）等地。

中文名：木麻黄

拉丁名：*Casuarina equisetifolia*

拼音：mù má huáng

科名：木麻黄科 Casuarinaceae

属名：木麻黄属 *Casuarina*

别名：马尾树

1 乔木；花雌雄同株或异株；雄花序几无总花梗，棒状圆柱形。
2 小坚果扁平，密集于球果状果序上。
3 雄花轮生在花序轴上，花被片 2，雄蕊 1。
4 小枝绿色或灰绿色，形似木贼，常有沟槽；叶退化为鳞片状，常 6～8 枚每轮。

【花期】4～5 月。

【果期】7～10 月。

【分布】各地普遍栽培（原产印度尼西亚、马来西亚、缅甸、菲律宾、泰国、越南和澳大利亚等地）。

中文名：**蓪梗花**
拉丁名：*Abelia uniflora*

拼音：tōng gěng huā
科名：北极花科 Linnaeaceae
属名：糯米条属 *Abelia*

1 聚伞花序具1～2花；萼筒顶端2裂，极少3裂，花冠粉红色至淡紫色，狭钟形，顶端5裂，雄蕊4，花柱和花丝不伸出花冠筒外。
2 叶通常对生，革质，卵形、狭卵形或披针形，全缘或有疏浅圆齿，叶柄短。
3 落叶多分枝灌木；枝纤细，幼枝红褐色。
4 叶有时轮生。

【花期】4～5月。
【果期】8～9月。
【生境】生于海拔550～1850m的林缘、路边、岩缝及山谷边。
【分布】南平市（武夷山市、建阳区）、三明市（将乐县、泰宁县）等地。

中文名：**常 山**

拉丁名：*Dichroa febrifuga*

拼音：cháng shān

科名：虎耳草科 Saxifragaceae

属名：常山属 *Dichroa*

别名：黄常山、鸡骨常山

1 花蓝紫色或青紫色，花瓣 5～6，雄蕊 10～20，子房下位，花柱 3～6。
2 叶对生，顶端渐尖，缘具锯齿。
3 浆果近圆球形，蓝色，具宿存花柱及萼齿。
4 落叶灌木；花排成顶生或近顶生的圆锥状伞房花序。

摄影：1、4. 罗萧；2、3. 朱鑫鑫

【花期】6～8 月。

【果期】8～10 月。

【生境】生于林下、林缘、路旁、山坡灌丛或山沟溪边。

【分布】漳州市（南靖县、华安县）、龙岩市（漳平市、长汀县）、泉州市（德化县）、三明市（沙县）、南平市（武夷山市）等地。

四川溲疏

中文名：四川溲疏

拉丁名：*Deutzia setchuenensis*

拼音：sì chuān sōu shū

科名：虎耳草科 Saxifragaceae

属名：溲疏属 *Deutzia*

别名：川溲疏

1　灌木；叶对生，狭卵形或卵形，顶端渐尖，基部钝圆形，缘具细尖小锯齿，两面均被星状毛；花排成顶生聚伞状伞房花序。
2　花果序轴、梗被星状毛；子房下位；蒴果。
3　花瓣 5，白色，雄蕊 10，花丝呈带状，花柱 3～5。

【花期】5～7 月。

【果期】6～9 月。

【生境】生于山地灌丛中。

【分布】三明市（永安市、将乐县）、南平市等地。

中文名：**狭叶绣球**

拉丁名：*Hydrangea lingii*

拼音：xiá yè xiù qiú

科名：虎耳草科 Saxifragaceae

属名：绣球属 *Hydrangea*

别名：林氏绣球

1　花萼裂片和花瓣均为5数，黄绿色，雄蕊常为10，花柱常为3；无不孕花。
2　聚伞状伞房花序顶生；叶椭圆形。
3　蒴果圆球形或近卵圆形；花柱宿存。
4　灌木；叶对生，薄革质，或长圆状披针形，顶端尾尖，缘具疏齿，稀全缘。

【花期】5～8月。

【果期】7～10月。

【生境】生于山坡灌丛路边或林中荫地上。

【分布】漳州市（平和县）、福州市（长乐区）、南平市（顺昌县、武夷山市）等地。

中文名：**圆锥绣球**

拉丁名：*Hydrangea paniculata*

拼音：yuán zhuī xiù qiú

科名：虎耳草科 Saxifragaceae

属名：绣球属 *Hydrangea*

别名：水亚木

1 花多数，密集，排成顶生圆锥花序，花序边缘具不孕性花。
2 灌木，稀为小乔木；叶对生或3叶轮生，卵形或椭圆形，缘具锯齿。
3 蒴果近椭圆形。
4 不孕性花萼片大，萼片通常4，大小不等，全缘。

【花期】5～10月。
【果期】7～11月。
【生境】生于海拔1500m以下的山坡灌丛路边或山谷溪边湿润地。
【分布】各地常见。

中文名：**黄 杨**

拉丁名：*Buxus sinica*

拼音：huáng yáng

科名：黄杨科 Buxaceae

属名：黄杨属 *Buxus*

1　雄花有萼片 4，雄蕊 4。
2　蒴果近球形，顶端具角状的宿存花柱。
3　花单性，雌雄同株，雄花数朵生于花序基部，雌花 1 朵生于花序顶部，组成腋生或顶生的头状花序，雌花有萼片 6，花柱 3。
4　常绿灌木或小乔木；小枝四棱形；叶对生，革质，阔倒卵形、倒卵形、倒卵状椭圆形或椭圆形，顶端圆或钝，不凹或微凹。

【花期】3 月。

【果期】5～6 月。

【生境】生于山坡岩石缝中。

【分布】漳州市（诏安县）、厦门市、南平市等地有栽培。

中文名：**草珊瑚**

拉丁名：*Sarcandra glabra*

拼音：cǎo shān hú

科名：金粟兰科 Chloranthaceae

属名：草珊瑚属 *Sarcandra*

1 花两性，排成顶生的穗状花序，常分枝；无花被，雄蕊1，子房卵球形。
2 核果球形，成熟时红色。
3 亚灌木；单叶对生，卵状披针形或长圆形，顶端渐尖，基部楔形，缘具粗锯齿。

【花期】4～6月。

【果期】8～12月。

【生境】生于林下湿地。

【分布】各地常见。

中文名：**半边月**

拉丁名：*Weigela japonica*

拼音：bàn biān yuè

科名：锦带花科 Diervillaceae

属名：锦带花属 *Weigela*

1 花单生或3朵组成的聚伞花序生于枝顶或叶腋；花萼5深裂。
2 叶背密生短柔毛。
3 花冠白色或淡红色，漏斗状钟形，5裂，雄蕊5，短于花冠，花柱细长。
4 落叶灌木，幼枝稍呈四棱形；叶对生，常为长卵形至卵状椭圆形，顶端长渐尖至尾尖，基部宽楔形至圆形，缘具锯齿。

【花期】4～5月。

【果期】7～9月。

【生境】生于海拔750～2000m的山地林缘、灌丛及沟谷溪边。

【分布】宁德市（古田县）、三明市（泰宁县）、南平市（武夷山市）等地。

中文名：**吊石苣苔**

拉丁名：*Lysionotus pauciflorus*

拼音：diào shí jù tái

科名：苦苣苔科 Gesneriaceae

属名：吊石苣苔属 *Lysionotus*

1 聚伞花序生于枝条顶端叶腋；花冠淡紫红色，檐部二唇形，上唇 2 裂，下唇 3 裂。
2 小灌木，通常附生于树干上或林下岩石上。
3 叶草质，肥厚，对生或于枝顶 3～5 枚轮生状，狭卵形、长圆状条形、狭椭圆形至楔形，顶端短尖或圆钝，中部以上有疏齿。
4 蒴果室背开裂成 2 瓣，每瓣两纵列成 2 瓣。

【花期】6～12 月。

【果期】8 月至次年 1 月。

【生境】生于密林中，附生于树干上或岩石上。

【分布】各地常见。

中文名：**大　青**

拉丁名：*Clerodendrum cyrtophyllum*

拼音：dà qīng

科名：马鞭草科 Verbenaceae

属名：大青属 *Clerodendrum*

1　花冠白色，花冠管细长，顶端5裂，雄蕊4，花丝花柱伸出花冠外。
2　聚伞花序生于枝顶或上部叶腋，排成大而疏散的圆锥花序。
3　果为核果，球形，成熟时蓝紫色，被红色或紫红色的宿萼所托。
4　叶对生，长圆形或长圆状披针形，全缘。
5　灌木或小乔木。

【花期】6～10月。

【果期】8～11月。

【生境】生于丘陵、山坡林缘、路旁、溪谷旁、平原灌丛。

【分布】较为常见。

中文名：**苦郎树**

拉丁名：*Clerodendrum inerme*

拼音：kǔ láng shù

科名：马鞭草科 Verbenaceae

属名：大青属 *Clerodendrum*

1 花冠白色，顶端5裂，花冠管长，雄蕊常4，花丝细长，紫红色，花柱与花丝近等长，伸出花冠外。

2 核果倒卵形或近球形，内有4分核，花萼宿存。

3 灌木；小枝四棱形；叶对生，近革质，椭圆形或卵形，顶端钝，基部楔形，全缘，两面无毛；花3～7朵排成腋生或间有顶生的聚伞花序。

摄影：1、2. 朱鑫鑫

【花果期】3～11月。

【生境】生于沿海沙滩和潮汐能到达之处。

【分布】厦门市、福州市等地。

中文名：**豆腐柴**　　拼音：dòu fu chái

拉丁名：*Premna microphylla*　　科名：马鞭草科 Verbenaceae

属名：豆腐柴属 *Premna*

1　聚伞花序组成顶生塔形的圆锥花序；花萼杯状，绿色，近整齐5浅裂；花冠淡黄色，常4裂，略呈二唇形；雄蕊4，2长2短。
2　直立灌木；幼枝有柔毛；叶对生，基部渐狭下延至叶柄两侧，叶缘有不规则粗齿或全缘。
3　核果球形至倒卵形，熟时紫黑色。
4　叶背沿脉被短柔毛。

【花期】3～8月。

【果期】5～10月。

【生境】生于海拔1600m以下的山坡林缘或林下。

【分布】漳州市（南靖县）、龙岩市（长汀县）、泉州市（德化县）、福州市（永泰县）、三明市（泰宁县、沙县）、宁德市（福安市）、南平市（建瓯市、浦城县）等地。

中文名：**假连翘**

拉丁名：*Duranta erecta*

拼音：jiǎ lián qiào

科名：马鞭草科 Verbenaceae

属名：假连翘属 *Duranta*

1 花冠蓝紫色，顶端5裂，稍不整齐，花柱内藏。
2 相似分类群：金边假连翘（*Duranta erecta*‘Marginata’）
3 相似分类群：金叶假连翘（*Duranta erecta*‘Golden Leaves’）
4 直立灌木；枝条有皮刺；总状花序顶生或腋生，常再排成圆锥花序。
5 果为核果，成熟时红黄色，为增大的宿萼包被。

【花果期】5～12月。

【分布】各处多有栽培，沿海各县尤为常见，多逸为野生（原生于美洲热带）。

中文名：**马缨丹**

拉丁名：*Lantana camara*

拼音：mǎ yīng dān

科名：马鞭草科 Verbenaceae

属名：马缨丹属 *Lantana*

1 花密集成头状花序；花冠黄色或橙黄色，常 4 浅裂。
2 枝条具倒钩状刺；叶对生，有强烈气味；核果圆球形，熟时紫黑色。
3 开花后花冠很快变成深红色；叶上面有明显粗糙的皱纹和短柔毛。
4 直立或披散灌木；茎枝四方形。

【花果期】几全年。

【生境】多生于山野路旁、屋前屋后空旷地或路旁灌丛中。

【分布】常见栽培或逸为野生（原生于美洲热带）。

中文名：**杜虹花**

拉丁名：*Callicarpa formosana*

拼音：dù hóng huā

科名：马鞭草科 Verbenaceae

属名：紫珠属 *Callicarpa*

1 聚伞花序腋生，4～5 次分歧；花冠紫色，裂片 4，雄蕊花柱同伸出花冠。
2 叶对生，纸质，卵状椭圆形或椭圆形，缘具锯齿，基部钝圆形或阔楔形。
3 果蓝紫色，近球形。
4 灌木；小枝密被黄褐色星状毛。

【花期】3～9 月。

【果期】7～11 月。

【生境】生于海拔 800m 以下的丘陵、平原、山坡路旁、灌丛地、疏林边或溪边。

【分布】各地常见。

中文名：**红紫珠**

拉丁名：*Callicarpa rubella*

拼音：hóng zǐ zhū

科名：马鞭草科 Verbenaceae

属名：紫珠属 *Callicarpa*

1 灌木；小枝和叶均被星状毛和腺毛。
2 叶对生，倒卵形、倒卵状椭圆形至长圆形，顶端渐尖或尾尖，基部心形或近耳形；叶柄极短或近无柄。
3 聚伞花序 4～5 次分歧；花冠紫红色或白色，雄蕊长于花冠。
4 果成熟时紫红色。

【花期】5～7 月。

【果期】7～11 月。

【生境】生于山坡疏林或灌丛中。

【分布】龙岩市（连城县）、三明市（泰宁县）、南平市（浦城县）等地。

中文名：**枇杷叶紫珠**

拉丁名：*Callicarpa kochiana*

拼音：pí pa yè zǐ zhū

科名：马鞭草科 Verbenaceae

属名：紫珠属 *Callicarpa*

1 聚伞花序腋生，3～5 次分歧；花冠淡红色至紫红色，顶端 4 裂，雄蕊 4，与花柱同伸出花冠。
2 叶卵状椭圆形至长椭圆状披针形，缘有锯齿，两面均有毛。
3 果圆球形，熟时白色，半藏于宿萼内。
4 灌木；小枝密被黄褐色茸毛；叶对生。

【花期】6～11 月。

【果期】11 月至次年 3 月。

【生境】生于山坡或谷地灌丛中或林缘。

【分布】各地较为常见。

中文名：紫 珠

拉丁名：*Callicarpa bodinieri*

拼音：zǐ zhū

科名：马鞭草科 Verbenaceae

属名：紫珠属 *Callicarpa*

1 花冠紫色，顶端4裂，雄蕊4，伸出花冠。
2 叶背密被星状柔毛，两面密生暗红色或红色细粒状腺点。
3 叶对生，卵状长椭圆形至椭圆形，顶端长渐尖至短尖，基部楔形，缘有细锯齿，被短柔毛。
4 灌木；聚伞花序4～5次分歧，花序梗长不超过1cm。

摄影：1～4. 朱鑫鑫

【花期】3～9月。

【果期】7～11月。

【生境】生于海拔800m以下的丘陵、平原、山坡路旁、灌丛地、疏林边或溪边。

【分布】各地常见。

中文名：**骏骨丹**

拉丁名：*Buddleja asiatica*

拼音：bó gǔ dān

科名：马钱科 Loganiaceae

属名：醉鱼草属 *Buddleja*

别名：白背枫

1　花排成顶生或近顶腋生的总状花序，再组成圆锥花序，细长而下垂；花冠顶端 4 裂，雄蕊 4，着生于花冠筒中部。

2　蒴果，室间开裂。

3　直立灌木；小枝圆柱形；叶对生。

4　叶披针形或长披针形，全缘或有小锯齿，叶背有白色或浅黄色绒毛。

【花期】1～10 月。

【果期】3～12 月。

【生境】生于山坡灌丛、林缘、村旁路边或溪河边。

【分布】各地常见。

中文名：**醉鱼草**

拉丁名：*Buddleja lindleyana*

拼音：zuì yú cǎo

科名：马钱科 Loganiaceae

属名：醉鱼草属 *Buddleja*

1 花冠紫色，花冠筒稍弯曲，雄蕊生于冠筒基部。
2 小枝稍具 4 棱；叶对生，卵形至卵状披针形，全缘或疏生波状齿，叶背被棕黄色星状毛。
3 灌木；花序穗状，顶生。
4 蒴果卵圆形，密被鳞片。

【花期】6～9 月。

【果期】8～10 月。

【生境】生于山坡路旁或溪边灌丛中，也常见于村庄附近路边。

【分布】各地常见。

中文名：**木犀**

拉丁名：*Osmanthus fragrans*

拼音：mù xī

科名：木犀科 Oleaceae

属名：木犀属 *Osmanthus*

别名：桂花

1 聚伞花序簇生于叶腋。
2 叶革质，全缘或上半部疏生细锯齿。
3 核果椭圆形，成熟时紫黑色。
4 花两性，花萼和花冠均 4 裂，雄蕊 2。
5 常绿灌木或小乔木；叶对生。

【花期】8～10 月。

【果期】4～6 月。

【分布】各地均有栽培或逸生。

中文名：**女　贞**

拉丁名：*Ligustrum lucidum*

拼音：nǚ zhēn

科名：木犀科 Oleaceae

属名：女贞属 *Ligustrum*

1　花冠钟状，4裂，裂片反折，雄蕊2，花柱柱头棒状。
2　果肾形或近肾形，深蓝黑色或淡紫色。
3　圆锥花序顶生。
4　叶对生，革质，顶端急尖至渐尖，全缘。
5　常绿乔木；小枝皮孔明显。

【花期】5～7月。
【果期】7月至次年5月。
【生境】生于常绿阔叶林中。
【分布】各地常见栽培或野生。

中文名：小　蜡

拉丁名：*Ligustrum sinense*

拼音：xiǎo là
科名：木犀科 Oleaceae
属名：女贞属 *Ligustrum*

1　圆锥花序顶生或腋生；花冠白色，4裂，雄蕊2，花柱柱头棒状。
2　灌木或小乔木。
3　核果近球形。
4　叶对生，纸质或薄革质，顶端急尖至渐尖，全缘。

【花期】3～6月。
【果期】7～9月。
【生境】生于溪河边灌丛或林缘。
【分布】各地常见，也有栽培。

中文名：**青榨枫**

拉丁名：*Acer davidii*

拼音：qīng zhà fēng

科名：槭树科 Aceraceae

属名：槭属 *Acer*

别名：青榨槭

1 花杂性，黄绿色，排成顶生下垂的总状花序，雄花花萼和花瓣各5数，雄蕊8。
2 两性花，花瓣和花萼各5数，柱头反卷。
3 果实为2枚相连的小坚果，两侧各有扁平的长翅，翅张开成钝角或近水平。
4 落叶乔木；小枝、叶对生。

【花期】4～5月。

【果期】5～11月。

【生境】生于常绿阔叶林中、林缘或沟谷地。

【分布】各地均有，内地山区较多。

中文名：**樟叶枫**

拉丁名：*Acer coriaceifolium*

拼音：zhāng yè fēng
科名：槭树科 Aceraceae
属名：槭属 *Acer*
别名：樟叶槭

1 雄花，花萼和花瓣 5 数，雄蕊 8。
2 伞房花序顶生。
3 翅果张开成锐角或近于直角。
4 叶背淡绿色，被白粉和淡褐色绒毛。
5 常绿乔木；单叶，对生，革质，长圆形或长圆状披针形，全缘或近全缘。

【花期】3～4 月。

【果期】5～10 月。

【生境】生于海拔 1000m 以下的常绿阔叶林或混交林中。

【分布】莆田市（仙游县）、泉州市（德化县）、福州市（闽侯县）、宁德市（福安市、福鼎市）等地。

中文名：**紫果枫**
拉丁名：*Acer cordatum*

拼音：zǐ guǒ fēng
科名：槭树科 Aceraceae
属名：槭属 *Acer*
别名：小紫果槭、紫果槭

1　两性花，子房生于花盘内侧，两室，柱头 2 裂。
2　翅果幼时紫色，后变黄褐色，翅张开成钝角或近水平。
3　伞房花序顶生；雄花，花萼 5，紫色，花瓣 5，淡黄白色，雄蕊 7～8。
4　常绿乔木；单叶，对生，纸质，侧脉 4～5 对，具疏细齿至全缘。

【花期】4～5 月。
【果期】8～9 月。
【生境】生于常绿阔叶林或沟谷地。
【分布】龙岩市（连城县）、三明市（永安市、沙县、泰宁县、建宁县）、南平市（武夷山市、光泽县）等地。

斜基粗叶木

中文名：斜基粗叶木
拉丁名：*Lasianthus attenuatus*

拼音：xié jī cū yè mù
科名：茜草科 Rubiaceae
属名：粗叶木属 *Lasianthus*

1 核果近球形，熟时蓝色，被硬毛。
2 小枝、叶柄和托叶均被淡黄色长粗毛；叶基部心形，不对称，全缘，上面无毛；托叶线状披针形。
3 叶背被淡黄色柔毛，中脉和侧脉尤密。
4 灌木；叶对生，椭圆形或长圆状披针形，有时阔卵形。

【花期】4～5 月。
【果期】8～11 月。
【生境】生于海拔 1200m 以下的山谷林缘、路边或林下。
【分布】福州市、漳州市（南靖县）等地。

中文名：**风箱树**

拉丁名：*Cephalanthus tetrandrus*

拼音：fēng xiāng shù

科名：茜草科 Rubiaceae

属名：风箱树属 *Cephalanthus*

1 头状花序，花冠管状漏斗形，白色，4～5 裂，雄蕊 4～5，柱头棒状。
2 聚合果圆球形，由多数不开裂、革质的干果聚合而成。
3 托叶三角形；上部叶常 3～4 枚轮生。
4 乔木或灌木；叶对生，椭圆形或椭圆状披针形，基部常圆形，全缘。

【花期】6～8 月。

【果期】10～11 月。

【生境】生于海拔 800m 以下的林缘或路旁。

【分布】各处可见。

中文名：**狗骨柴**

拉丁名：*Diplospora dubia*

拼音：gǒu gǔ chái

科名：茜草科 Rubiaceae

属名：狗骨柴属 *Diplospora*

1 花密集成束或排成稠密的聚伞花序；花黄绿色或白色，花冠4裂，花柱2裂。
2 浆果成熟时橙红色。
3 托叶三角状卵形，顶端钻状。
4 叶对生，全缘，两面无毛。
5 灌木至小乔木。

【花期】4～6月。

【果期】8～11月。

【生境】生于海拔1250m以下的林下、山谷林缘或灌丛中。

【分布】各地常见。

中文名：**虎　刺**

拉丁名：*Damnacanthus indicus*

拼音：hǔ cì

科名：茜草科 Rubiaceae

属名：虎刺属 *Damnacanthus*

别名：伏牛花、绣花针

1　花单生或成对腋生，花冠白色，4 裂，柱头 4 裂，棒状。
2　小枝和叶柄被糙硬毛；叶对生，全缘，两面无毛。
3　核果，熟时红色。
4　多分枝有刺小灌木，刺生于各节的叶柄之间。

【花期】6～8 月。

【果期】9 月至次年 4 月。

【生境】生于海拔 100～1500m 的林下、路边、林缘或山地灌丛中。

【分布】各地较常见。

中文名：**九　节**

拉丁名：*Psychotria asiatica*

拼音：jiǔ jié

科名：茜草科 Rubiaceae

属名：九节属 *Psychotria*

别名：九节木

1　花排成顶生聚伞花序；叶对生，长圆形或倒披针状长圆形，全缘。
2　浆果状核果成熟时红色，有纵棱。
3　果内有 2 分核，分核腹面平。
4　叶下面脉腋窝孔被缘毛；花淡绿色或白色，花冠 5 裂。
5　灌木或小乔木。

【花期】5～7 月。

【果期】6～11 月。

【生境】生于海拔 500m 以下的林缘或疏林下。

【分布】沿海及中部至西南部各地较常见。

中文名：**茜　树**

拉丁名：*Aidia cochinchinensis*

拼音：qiàn shù

科名：茜草科 Rubiaceae

属名：茜树属 *Aidia*

别名：山黄皮

1 花多数排成聚伞花序；花黄白色，花冠 4 裂，柱头棒状，有槽纹。
2 浆果成熟时紫黑色。
3 灌木或乔木。
4 托叶披针形。
5 叶对生，全缘，叶背脉腋有簇毛。

【花期】4～5 月。

【果期】8～11 月。

【生境】生于海拔 1000m 以下的林中或山谷溪边及林缘。

【分布】各地常见。

中文名：**水团花**

拉丁名：*Adina pilulifera*

拼音：shuǐ tuán huā

科名：茜草科 Rubiaceae

属名：水团花属 *Adina*

属名：水杨梅

1 花白色，花冠 5 裂，花柱长伸出，柱头球形。
2 蒴果楔形，熟时 4 瓣裂
3 叶对生，全缘，厚纸质；托叶 2 深裂。
4 头状花序常单生，总花梗长。
5 灌木至小乔木。

【花期】6～8 月。

【果期】9～10 月。

【生境】生于海拔 1200m 以下的河岸、溪边及沟谷路旁和林中。

【分布】各处可见。

中文名：白花苦灯笼

拉丁名：*Tarenna mollissima*

拼音：bái huā kǔ dēng lóng
科名：茜草科 Rubiaceae
属名：乌口树属 *Tarenna*

1 花白色，花冠常 5 裂，裂片与冠等长或稍短，雄蕊 5。
2 伞房状聚伞花序顶生。
3 叶长圆状披针形或长椭圆形，全缘，叶正面被柔毛。
4 浆果外被柔毛。
5 灌木至小乔木；叶对生，叶背密被柔毛。

【花期】6～8 月。

【果期】8～11 月。

【生境】生于海拔 1000m 以下的林下路边、林缘或山谷灌丛中。

【分布】各地常见。

中文名：**尖萼乌口树**

拉丁名：*Tarenna acutisepala*

拼音：jiān è wū kǒu shù

科名：茜草科 Rubiaceae

属名：乌口树属 *Tarenna*

1 雄蕊 4～5，与花冠裂片同数，花柱伸出。

2 叶背被短柔毛，有时仅脉上被毛，侧脉 5～7 对。

3 伞房状聚伞花序顶生；花冠淡黄绿色，花冠裂片椭圆形，花萼裂片三角状披针形。

4 灌木，枝被短硬毛；叶对生，纸质或近革质，常为长圆形或披针形。

【花期】5～10 月。

【果期】7～11 月。

【生境】生于海拔 300～1400m 的林下路旁、溪边和山坡灌丛中。

【分布】各地常见。

中文名：**栀　子**

拉丁名：*Gardenia jasminoides*

拼音：zhī zi
科名：茜草科 Rubiaceae
属名：栀子属 *Gardenia*
别名：黄栀子

1　花冠5～8裂，通常6裂，柱头棒状。
2　花冠高脚碟状，花冠管长，花萼裂片线状披针形。
3　浆果具纵棱。
4　叶对生或3叶轮生，全缘。
5　灌木；花白色，后变乳黄色。

【花期】5～7月。
【果期】8～10月。
【生境】生于海拔800m以下的山坡灌丛中、疏林下或林缘及溪边。
【分布】各地极常见。

北江荛花

中文名：北江荛花

拉丁名：*Wikstroemia monnula*

拼音：běi jiāng ráo huā

科名：瑞香科 Thymelaeaceae

属名：荛花属 *Wikstroemia*

1　短总状花序顶生；花萼黄色带紫色或淡红色，顶端4裂，雄蕊8，花柱短。
2　花萼外面被白色柔毛；果为核果，成熟时肉质，白色。
3　灌木；小枝被短柔毛；叶对生或近对生，纸质或坚纸质，卵状椭圆形至椭圆形或椭圆状披针形，先端尖。

【花期】3～5月。

【果期】6～9月。

【生境】生于海拔500～1300m的山坡路旁、沟谷边的灌丛中、田野。

【分布】各地较常见。

中文名：**了哥王**　　拼音：liǎo gē wáng

科名：瑞香科 Thymelaeaceae

拉丁名：*Wikstroemia indica*　　属名：荛花属 *Wikstroemia*

1　花数朵排成顶生短总状花序，总花梗粗壮，无花瓣，花萼圆筒形，顶端 4 裂。
2　果为核果状，圆球形，熟时暗红色至深紫色。
3　叶对生，坚纸质至革质，全缘。
4　灌木；枝条红褐色。

【花期】3～4 月。
【果期】8～9 月。
【生境】生于海拔 1500m 以下的山坡路旁灌丛中、田边、旷野等地。
【分布】各处可见。

红花寄生

中文名：红花寄生

拉丁名：*Scurrula parasitica*

拼音：hóng huā jì shēng

科名：桑寄生科 Loranthaceae

属名：梨果寄生属 *Scurrula*

别名：红花桑寄生

1 花通常 2～5 朵排成腋生的聚伞花序，花序和花均密被褐色星状毛；花冠红色稍弯，顶端 4 裂，雄蕊 4，花柱紫红色。
2 幼枝及嫩叶密被锈色星状毛，后变无毛；叶对生或近对生，卵形或椭圆状卵形。
3 果梨形，基部收缩成柄状，有毛。
4 叶顶端钝，基部阔楔形，侧脉 5～6 对。
5 常绿寄生灌木。

摄影：2、4、5. 赵俊

【花果期】10 月至次年 4 月。

【生境】寄生于余甘、石榴、柚、山茶、夹竹桃、栾树、柿、紫叶李等植物的枝干上。

【分布】漳州市（诏安县、南靖县）、三明市（尤溪县）、厦门市（同安区）、泉州市（永春县）、福州市（永泰县）、南平市、龙岩市（连城县）等地。

中文名：**锐尖山香圆**

拉丁名：*Turpinia arguta*

拼音：ruì jiān shān xiāng yuán

科名：省沽油科 Staphyleaceae

属名：山香圆属 *Turpinia*

1 花萼、花瓣和雄蕊均为 5 数。
2 果为浆果状；种子 2～3 粒。
3 聚伞花序排成圆锥状，顶生；花白色带紫红色。
4 落叶灌木；叶对生，边缘具锯齿，顶端渐尖。

【花期】3～4 月。

【果期】9～10 月。

【生境】生于杂木林中或林缘。

【分布】各处可见。

中文名：**番石榴**

拉丁名：*Psidium guajava*

拼音：fān shí liu

科名：桃金娘科 Myrtaceae

属名：番石榴属 *Psidium*

1 花白色，单生或2～3朵生于腋生的总花梗上，花瓣4～5片，雄蕊多数。
2 花萼4～5裂，宿存。
3 小枝具4棱，被柔毛；叶对生，全缘。
4 浆果成熟时黄色。
5 灌木或小乔木，树皮红褐色，鳞片状脱落。

【花期】夏季。

【果期】8～9月。

【分布】多地有栽培，有时逸为野生（原产于美洲）。

中文名：**轮叶蒲桃**

拉丁名：*Syzygium grijsii*

拼音：lún yè pú táo

科名：桃金娘科 Myrtaceae

属名：蒲桃属 *Syzygium*

1 聚伞花序顶生；花萼和花瓣均为4数，雄蕊多数，花柱1。
2 灌木；嫩枝纤细，有4棱；叶革质，狭长圆形或狭披针形，叶对生或3叶轮生。
3 果球形，熟时紫黑色，顶部有残存的环状萼檐。
4 相似分类群：赤楠（*Syzygium buxifolium*），嫩枝有棱；叶对生，阔椭圆形至椭圆形。

【花期】6～8月。

【果期】10～12月。

【生境】生于海拔200～1200m的山地疏林或灌丛。

【分布】各地极常见。

中文名：**蒲　桃**
拉丁名：*Syzygium jambos*

拼音：pú táo
科名：桃金娘科 Myrtaceae
属名：蒲桃属 *Syzygium*

1　花萼和花瓣均为4数，雄蕊多数，细长，花柱线形。
2　种子通常1～2粒，种皮粗糙，多胚。
3　叶对生，革质，披针形或长圆形，先端长渐尖，基部阔楔形，全缘。
4　果球形，肉质，成熟时黄色，有油腺点，顶部有宿存的花萼和花柱。
5　常绿乔木。

【花期】3～4月。
【果期】5～6月。
【分布】龙岩市、厦门市、泉州市、福州市等地有种植。

中文名：**桃金娘**

拉丁名：*Rhodomyrtus tomentosa*

拼音：táo jīn niáng

科名：桃金娘科 Myrtaceae

属名：桃金娘属 *Rhodomyrtus*

1　花紫红色或粉色，1～3朵排成腋生的聚伞花序。
2　花瓣通常为5片，雄蕊多数。
3　浆果卵状壶形，暗紫色，被绒毛，萼宿存；种子多数。
4　幼枝和叶背密被毛；叶对生，离基3出脉。
5　灌木，高1～2m或较矮小。

【花期】4～6月。

【果期】8～9月。

【生境】生于海拔300m以下的丘陵山地灌丛中。

【分布】东南部沿海和西南部。

中文名：**金丝梅**

拉丁名：*Hypericum patulum*

拼音：jīn sī méi

科名：藤黄科 Clusiaceae

属名：金丝桃属 *Hypericum*

属名：芒种花

1 花萼和花瓣均为5数，花瓣鲜黄色，雄蕊5束，花柱5，完全分离。
2 蒴果卵球形，花柱宿存，室间开裂。
3 枝具棱，红色或暗褐色；叶对生，纸质，全缘，具短柄。
4 灌木；花单生或排成顶生的聚伞花序。

摄影：1、4. 罗萧

【花期】5～6月。

【果期】6～11月。

【生境】生于山坡、草地、林下、灌丛中或空旷地。

【分布】龙岩市、三明市（泰宁县）、南平市（建阳区、武夷山市）等地。

中文名：**金丝桃**

拉丁名：*Hypericum monogynum*

拼音：jīn sī táo

科名：藤黄科 Clusiaceae

属名：金丝桃属 *Hypericum*

单叶对生 乔木或灌木

1 灌木，全株无毛，多分枝；花单生或排成顶生的聚伞花序。
2 蒴果；花柱宿存。
3 花萼和花瓣均为5数，花瓣鲜黄色，雄蕊多数，黄色，花柱仅顶端5裂。
4 单叶对生，叶片长椭圆形或长圆形，全缘，无柄。

摄影：2. 赵俊

【花期】5～8月。
【果期】8～9月。
【生境】生于海拔700～1500m的山坡、林缘。
【分布】龙岩市（连城县）、三明市（永安市）、南平市等地，常栽培。

中文名：**木竹子**

拉丁名：*Garcinia multiflora*

拼音：mù zhú zi

科名：藤黄科 Clusiaceae

属名：藤黄属 *Garcinia*

别名：多花山竹子

1 雄花有雄蕊多数，合生成 4 束，高于退化雌蕊，花药集生于雄蕊束顶端。
2 浆果熟时青黄色，具宿存柱头。
3 花单生或排成聚伞花序；花单性，花萼和花瓣均为 4 数，花瓣淡黄绿色；雌花具不育雄蕊，无花柱，柱头厚。
4 常绿小乔木；叶对生，革质，长圆状倒卵形或长圆形，全缘，无毛。

【花期】5～7 月。

【果期】6～11 月。

【生境】生于山地林中或林缘。

【分布】龙岩市（上杭县、漳平市、连城县）、泉州市（德化县）、福州市（永泰县）、三明市（永安市、沙县、尤溪县、将乐县）、南平市（浦城县）等地。

中文名：疏花卫矛

拉丁名：*Euonymus laxiflorus*

拼音：shū huā wèi máo

科名：卫矛科 Celastraceae

属名：卫矛属 *Euonymus*

1 蒴果倒三角形，5 浅裂。
2 小枝有棱，平滑；叶对生，纸质，全缘或上半部有不明显的细锯齿。
3 聚伞花序疏长；花紫红色，5 数。
4 常绿灌木。

摄影：1、2、4. 郑彦超

【花期】3～8 月。

【果期】5～11 月。

【生境】生于山坡或沟谷中。

【分布】漳州市（南靖县）、龙岩市（连城县）、三明市（永安市）、福州市（永泰县）等地。

中文名：**荚蒾**

拉丁名：*Viburnum dilatatum*

拼音：jiá mí

科名：五福花科 Adoxaceae

属名：荚蒾属 *Viburnum*

1　花萼和花冠均5裂，花冠白色，雄蕊5，花柱1。
2　复伞形式聚伞花序；叶对生，纸质，顶端急尖或渐尖，缘具牙齿状锯齿。
3　叶背被柔毛或叉状毛，脉上尤密，脉腋间有簇毛。
4　果椭圆状卵形，成熟时红色。
5　落叶灌木。

【花期】5～7月。

【果期】9～11月。

【生境】生于海拔900～1900m的山坡、沟谷林缘、林中或路旁灌丛中。

【分布】各地较常见。

中文名：白花泡桐

拉丁名：*Paulownia fortunei*

拼音：bái huā pào tóng

科名：玄参科 Scrophulariaceae

属名：泡桐属 *Paulownia*

别名：泡桐

1 花冠管状漏斗形，白色，背面稍带紫色或淡紫色，内部密布紫色斑块，冠檐二唇形，上唇2裂，下唇3裂。
2 叶对生。
3 乔木；幼枝、叶、花序各部分及幼果均被黄褐色星状绒毛；聚伞圆锥花序顶生。
4 蒴果长圆形或长圆状椭圆形，顶端具喙；花萼宿存。
5 叶长卵形、长卵状心形或卵状心形，顶端长渐尖或锐尖，全缘。

摄影：2、4、5. 赵俊

【花期】3～4月。

【果期】7～8月。

【生境】生于荒地、山坡疏林或灌丛中。

【分布】龙岩市（上杭县）、泉州市（永春县）、三明市（泰宁县、大田县）、宁德市（古田县、屏南县）、南平市（武夷山市、光泽县）等地。

中文名：**柏拉木**

拉丁名：*Blastus cochinchinensis*

拼音：bǎi lā mù

科名：野牡丹科 Melastomataceae

属名：柏拉木属 *Blastus*

1　叶对生；花排成腋生伞状聚伞花序。
2　蒴果近球形，为宿萼所包裹。
3　花瓣白色至粉红色，4 数，雄蕊 4，花药单孔开裂，花柱细长。
4　灌木；叶纸质，全缘或具不明显的小浅波状齿，基生脉 3～5 条。

摄影：3. 朱鑫鑫

【花期】4～7 月。

【果期】5～12 月。

【生境】生于林下、山谷阴湿处。

【分布】漳州市（南靖县、平和县）、龙岩市、泉州市（永春县）、福州市（永泰县）、南平市等地。

中文名：**星毛金锦香**

拉丁名：*Osbeckia stellata*

拼音：xīng máo jīn jǐn xiāng

科名：野牡丹科 Melastomataceae

属名：金锦香属 *Osbeckia*

别名：朝天罐

1 花瓣 4，紫红色，阔倒卵形，雄蕊 8，等长，花药顶端有长喙，花柱 1。
2 蒴果长卵形，顶裂，果为宿萼所包裹，宿萼长坛形，中部以上缢缩成颈，被刺毛状有柄的星状毛。
3 聚伞花序再组成顶生的圆锥花序。
4 灌木；叶对生或有时 3 叶轮生，坚纸质，卵形、卵状披针形或长圆状披针形，顶端渐尖，全缘，两面被糙伏毛。

【花期】6～10 月。

【果期】7～11 月。

【生境】生于山坡灌丛中或林缘。

【分布】漳州市（南靖县）、龙岩市（上杭县、武平县、连城县）、泉州市（德化县）、福州市、三明市（永安市）、南平市（建阳区、武夷山市、浦城县）等地。

中文名：**鸭脚茶**

拉丁名：*Bredia sinensis*

拼音：yā jiǎo chá

科名：野牡丹科 Melastomataceae

属名：野海棠属 *Bredia*

别名：中华野海棠

1 花5~20朵排成顶生聚伞花序，有时再排成圆锥花序状；花粉红色至紫色，雄蕊8，异形。

2 蒴果近球形，为宿萼所包裹，宿萼钟状漏斗形，略有4棱。

3 灌木；叶对生，坚纸质，披针形至卵形或椭圆形，顶端渐尖，近全缘或具疏浅锯齿，5基出脉，两面近无毛，叶柄明显。

【花期】5~7月。

【果期】7~11月。

【生境】生于林下或山沟边灌草丛中。

【分布】漳州市（南靖县）、龙岩市（连城县、上杭县）、福州市（闽侯县、永泰县）、泉州市（德化县）、莆田市（仙游县）、三明市（永安市、沙县、泰宁县）、宁德市（霞浦县、古田县）、南平市（建阳区、武夷山市、浦城县、邵武市、顺昌县、光泽县）等地。

中文名：叶底红

拉丁名：*Bredia fordii*

拼音：yè dǐ hóng

科名：野牡丹科 Melastomataceae

属名：野海棠属 *Bredia*

别名：野海棠

1 花排成顶生伞形花序；花紫红色或紫色，雄蕊 8，等长，药隔膨大，下延。
2 叶背紫红色，被长柔毛及柔毛，基生脉 5～9 条。
3 蒴果杯状，为宿萼所包裹。
4 小灌木、半灌木或近草本；茎幼时四棱形，极少分枝；叶对生，心形、椭圆状心形至卵状心形，顶端短渐尖或钝急尖，正面被长柔毛。

【花期】4～8 月。

【果期】8～11 月。

【生境】生于林下阴湿处。

【分布】漳州市（平和县）、龙岩市（武平县、连城县）、泉州市（德化县）、福州市（永泰县）、三明市（永安市、沙县）、宁德市（古田县）、南平市（建瓯市、顺昌县）等地。

中文名：**地 菍**
拉丁名：*Melastoma dodecandrum*

拼音：dì niè
科名：野牡丹科 Melastomataceae
属名：野牡丹属 *Melastoma*

1 铺散或匍匐状亚灌木；茎分枝，下部伏地。
2 蒴果坛状，肉质，不开裂。
3 叶对生，坚纸质，基生脉3～5条；花萼和花瓣5数，花瓣紫红色，雄蕊10，5长5短。

【花期】5～8月。
【果期】7～11月。
【生境】生于山坡路旁矮草丛中。
【分布】各地可见。

中文名：**野牡丹**

拉丁名：*Melastoma malabathricum*

拼音：yě mǔ dān

科名：野牡丹科 Melastomataceae

属名：野牡丹属 *Melastoma*

别名：多花野牡丹、展毛野牡丹

1 花瓣玫瑰红色，5 数，雄蕊 10，5 长 5 短，子房半下位。
2 叶对生，坚纸质，两面背糙伏毛。
3 灌木；花大，单朵顶生或数朵簇生枝顶。
4 蒴果坛状球形，密被紧贴、扁平的鳞片状糙伏毛。
5 蒴果横裂；种子小，近马蹄形。

【花期】2～8 月。

【果期】7～12 月。

【生境】生于草地、灌丛、疏林、竹林或山坡路旁。

【分布】较为常见。

星毛冠盖藤

中文名：星毛冠盖藤
拉丁名：*Pileostegia tomentella*
拼音：xīng máo guàn gài téng
科名：虎耳草科 Saxifragaceae
属名：冠盖藤属 *Pileostegia*

1 花序被锈色星状毛；花瓣 5，雄蕊 8～10，子房下位，花柱 1，柱头头状。
2 叶对生，革质，长圆形或长圆状倒卵形，基部圆形或浅心形，缘具不规则波状疏钝齿；叶背和枝被锈色星状毛。
3 蒴果陀螺状半球型。
4 常绿藤本；圆锥花序顶生。

【花期】6～9 月。

【果期】8～10 月。

【生境】生于杂木林下、沟谷溪边、林缘或岩隙间。

【分布】漳州市（平和县）、福州市（长乐区）、南平市（顺昌县、武夷山市）等地。

中文名：**链珠藤**

拉丁名：*Alyxia sinensis*

拼音：liàn zhū téng

科名：夹竹桃科 Apocynaceae

属名：链珠藤属 *Alyxia*

1　花冠先淡红色后退变成白色，喉部紧缩，裂片 5，雄蕊着生在花冠筒上。
2　核果卵形，2～3 颗组成链珠状。
3　聚伞花序腋生或近顶生；花萼裂片卵圆形。
4　藤状灌木，具乳汁；叶革质，对生或 3～4 片轮生，全缘。

【花期】5～10 月。

【果期】6～12 月。

【生境】生于海拔 1000m 以下的山坡灌丛中及杂木林林缘或路边。

【分布】大部分地区。

中文名：**络　石**

拉丁名：*Trachelospermum jasminoides*

拼音：luò shí

科名：夹竹桃科 Apocynaceae

属名：络石属 *Trachelospermum*

1　二歧聚伞花序腋生或顶生；花白色，花冠筒中部膨大，花冠裂片 5，雄蕊内藏。

2　常绿木质藤本，具乳汁；叶对生，革质或近革质，叶正面无毛，全缘。

3　蓇葖双生，叉开，线状披针形，向先端渐尖。

【花期】4～8 月。

【果期】8～12 月。

【生境】生于山坡灌丛、旷野路边、溪河两岸及杂木林中或林缘。

【分布】大多数地区。

紫花络石

中文名：紫花络石
拉丁名：*Trachelospermum axillare*
拼音：zǐ huā luò shí
科名：夹竹桃科 Apocynaceae
属名：络石属 *Trachelospermum*

1 花冠紫色，5 裂，花冠筒内面密被倒硬毛，雄蕊内藏。
2 侧脉在叶背明显，弧曲上升至近叶缘处网结，无毛。
3 蓇葖并行、黏生，老时分离，其顶端通常合生。
4 粗壮木质藤本；叶对生，厚纸质，倒披针形、倒卵形或长椭圆形，顶端尾状渐尖或锐尖。

【花期】5～7 月。
【果期】8～10 月。
【生境】生于海拔 300～1200m 的沟谷林缘、杂木林中或溪边。
【分布】三明市（永安市、沙县）、南平市（建阳区、武夷山市、光泽县）、宁德市（屏南县）等地。

酸叶胶藤

中文名：酸叶胶藤
拉丁名：*Urceola rosea*

拼音：suān yè jiāo téng
科名：夹竹桃科 Apocynaceae
属名：水壶藤属 *Urceola*

1 花小，粉红色，花冠裂片 5；雄蕊 5，着生在花冠筒基部。
2 花排成顶生聚伞花序。
3 种子长圆形，顶端具白色的长绢质种毛。
4 木质藤本，具丰富乳汁。
5 叶对生，纸质，顶端急尖，两面无毛。

【花期】4～12 月。
【果期】7 月至次年 2 月。
【生境】生于海拔 800m 以下的杂木林林缘、山谷灌丛中及溪边湿润处。
【分布】漳州市（长泰县、华安县、南靖县）、龙岩市、泉州市（德化县）、莆田市、福州市（福清市、永泰县）、三明市（尤溪县、沙县、建宁县）、南平市（建瓯市）、宁德市（寿宁县）等地。

中文名：**羊角拗**　　拼音：yáng jiǎo niù

拉丁名：*Strophanthus divaricatus*　　科名：夹竹桃科 Apocynaceae

属名：羊角拗属 *Strophanthus*

1　花通常 3 朵排成聚伞花序；花冠黄色，5 裂，裂片顶部延长成一个长尾带状。
2　叶对生，全缘或稍波状，顶端短渐尖或急尖，叶柄短。
3　蓇葖广叉开，木质。
4　木质藤本或灌木具蔓延枝条，具乳汁。

摄影：1. 沐先运

【花期】3～7 月。

【果期】6 月至次年 2 月。

【生境】生于海拔 600m 以下的丘陵山地疏林中、山坡灌丛及河岸。

【分布】沿海各地。

中文名：**风筝果**

拉丁名：*Hiptage benghalensis*

拼音：fēng zheng guǒ

科名：金虎尾科 Malpighiaceae

属名：风筝果属 *Hiptage*

别名：风车藤

1　总状花序腋生或顶生，密被“丁”字毛；花瓣 5，白色或粉红色，雄蕊 10，其中 1 枚较大，花柱 1，顶端急尖。
2　翅果，果翅 3，中间 1 枚较大。
3　木质大藤本；叶对生，革质，卵状长圆形或长圆形，下面边缘处有腺体。

摄影：1．朱鑫鑫

【花期】2～5 月。
【果期】4～5 月。
【生境】生于海拔 300m 以下的向阳山坡岩隙灌丛间或林缘。
【分布】漳州市（南靖县）、福州市（永泰县）等地。

中文名：**球　兰**

拉丁名：*Hoya carnosa*

拼音：qiú lán
科名：萝藦科 Asclepiadaceae
属名：球兰属 *Hoya*
别名：壁梅、贴壁梅

1　聚伞花序伞形状。
2　叶肉质，对生，卵圆形至长圆状椭圆形，全缘，两面无毛，侧脉不明显。
3　花冠白色或淡粉色，辐状，花冠筒短，副花冠星状，外角急尖。
4　藤本，附生于树干上或岩石上；茎、节上生气生根。

摄影：1. 金夕；3. 张炜琪

【花期】4～11 月。
【果期】7～12 月。
【生境】生于林缘或山谷岩石上。
【分布】泉州市以南沿海地区。

中文名：**匙羹藤**

拉丁名：*Gymnema sylvestre*

拼音：chí gēng téng

科名：萝藦科 Asclepiadaceae

属名：匙羹藤属 *Gymnema*

1 花冠淡黄绿色，钟状，副花冠着生于花冠裂片弯缺下，雄蕊着生于花冠筒基部，柱头宽而短圆锥状。
2 蓇葖卵状披针形，基部膨大；种子顶端轮生白色绢质种毛。
3 叶对生，纸质，倒卵形至卵状长圆形，全缘，羽状脉。
4 木质藤本，具乳汁；聚伞花序伞形状，腋生，短于叶柄。

【花期】4～11 月。

【果期】9～12 月。

【生境】生于山坡灌木丛中或路旁。

【分布】沿海大多数地区。

中文名：**台湾醉魂藤**

拉丁名：*Heterostemma brownii*

拼音：tái wān zuì hún téng

科名：萝藦科 Asclepiadaceae

属名：醉魂藤属 *Heterostemma*

别名：醉魂藤

1　花冠黄色，辐射状，花冠裂片三角状卵圆形，副花冠 5 片，星芒状。
2　植株具乳汁。
3　攀缘木质藤本；叶对生，纸质，卵形至卵状椭圆形，基部圆形至微心形，全缘，基生脉 3～5 条。

【花期】4～9 月。

【果期】6～12 月。

【生境】生于山坡路旁灌木丛中。

【分布】漳州市（南靖县、平和县、华安县）、福州市（永泰县）等地。

中文名：**钩　吻**

拉丁名：*Gelsemium elegans*

拼音：gōu wěn

科名：马钱科 Loganiaceae

属名：钩吻属 *Gelsemium*

别名：胡蔓藤

1　花冠 5 裂，雄蕊 5，着生于花冠筒中部。
2　蒴果卵形，稍膨胀，果皮薄革质。
3　叶对生，纸质或薄革质，全缘。
4　花黄色，排成顶生或上部腋生较密集的聚伞花序。
5　常绿木质藤本，无毛。

单叶对生　木质藤本

【花期】10 月至次年 1 月。

【果期】1～6 月。

【生境】生于灌木林中或山坡路边。

【分布】漳州市（平和县）、龙岩市（永定区、连城县、上杭县、长汀县）、厦门市（同安区）、福州市（闽侯县）、莆田市（仙游县）等地。

中文名：**蓬莱葛**　　拼音：péng lái gě

拉丁名：*Gardneria multiflora*　　科名：马钱科 Loganiaceae

属名：蓬莱葛属 *Gardneria*

1　幼株叶上常有白斑。

2　常绿攀缘灌木，无毛；枝圆柱状，灰绿色；叶对生，全缘，顶端渐尖，具短柄。

3　花数朵组成聚伞花序；花冠黄色，5 裂，雄蕊 5，着生于花冠筒上，花柱 1。

4　花萼小，5 裂，裂片半圆形。

【花期】6～10 月。

【果期】7～12 月。

【生境】生于山地路旁，疏林中少见。

【分布】南平市（武夷山市、政和县、光泽县）、龙岩市等地。

单叶铁线莲

中文名：单叶铁线莲

拉丁名：*Clematis henryi*

拼音：dān yè tiě xiàn lián

科名：毛茛科 Ranunculaceae

属名：铁线莲属 *Clematis*

1 雄蕊多数，花药长圆形，花丝线形，两侧密生长柔毛。
2 单叶对生，卵状披针形，顶端渐尖，基部浅心形，边缘有刺头状锯齿。
3 聚伞花序腋生，通常仅 1 花；花钟状，萼片 4，白色或淡黄色。
4 木质藤本；瘦果狭卵形，有短柔毛，宿存花柱长。

【花期】11 月至次年 1 月。

【果期】4～6 月。

【生境】生于山谷、溪边、阴湿坡地、林下或灌木丛中。

【分布】漳州市（漳浦县）、龙岩市（上杭县）、泉州市（永春县）、莆田市（仙游县）、福州市、三明市（明溪县）、宁德市（福鼎市、周宁县、寿宁县）、南平市（松溪县、政和县、武夷山市、浦城县）等地。

中文名：

印度羊角藤

拉丁名：*Morinda umbellata*

拼音：yìn dù yáng jiǎo téng
科名：茜草科 Rubiaceae
属名：巴戟天属 *Morinda*
别名：羊角藤

1 花黄绿色或白色，花冠 4 裂，喉部有髯毛，柱头 2 裂。
2 头状花序排成伞形的复花序。
3 聚合果扁球形或近肾形，熟时橙红色，有槽纹。
4 攀缘灌木；叶对生，全缘；托叶着生于叶柄内并合生成一鞘。

【花期】6～8 月。
【果期】8～11 月。
【生境】生于海拔 1300m 以下的山地林中路边、林缘及灌丛中。
【分布】大多数地区。

中文名：**钩　藤**

拉丁名：*Uncaria rhynchophylla*

拼音：gōu téng

科名：茜草科 Rubiaceae

属名：钩藤属 *Uncaria*

1　头状花序；花冠漏斗状，5 裂，雄蕊 5，花柱长伸出。
2　托叶着生于叶柄之间，2 深裂。
3　蒴果纺锤形，被柔毛。
4　叶对生；具变态为钩状的腋生枝。
5　木质藤本。

【花期】6～8 月。

【果期】9～10 月。

【生境】生于海拔 800m 以下的林缘路旁、溪边及沟谷灌丛中。

【分布】大多数地区。

中文名：鸡矢藤

拉丁名：*Paederia foetida*

拼音：jī shǐ téng

科名：茜草科 Rubiaceae

属名：鸡矢藤属 *Paederia*

别名：鸡屎藤、疏花鸡屎藤

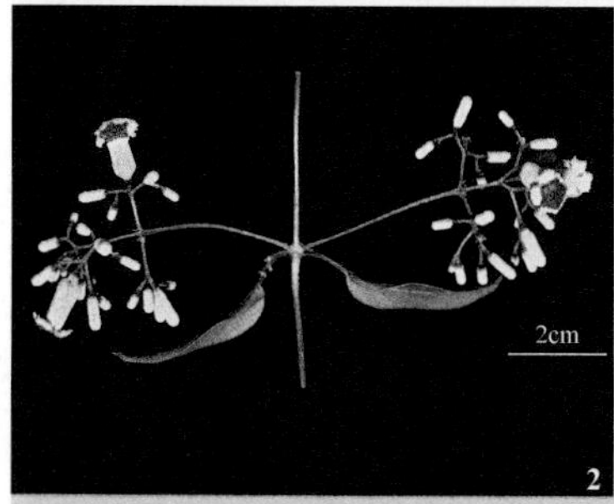

1 花排成开展的聚伞状圆锥花序，末级分枝上的花呈蝎尾状排列；花冠淡紫色，5 裂，雄蕊长短不一，柱头 2 裂。

2 相似分类群：狭序鸡矢藤（*Paederia stenobotrya*），花排成狭窄的聚伞花序，末级分枝上的花呈簇生状排列；托叶和小苞片被毛。

3 藤本；叶对生，顶端急尖至长渐尖，全缘。

【花期】6～9 月。

【果期】9～11 月。

【生境】生于海拔 1800m 以下的山坡林中路边、林缘或阳坡灌丛中。

【分布】大多数地区。

中文名：**蔓九节**

拉丁名：*Psychotria serpens*

拼音：màn jiǔ jié

科名：茜草科 Rubiaceae

属名：九节属 *Psychotria*

别名：匍匐九节木

1 花冠白色，花冠管短，通常5裂，雄蕊与花冠裂片同数，子房下位。
2 叶对生，椭圆形、卵形、倒卵形或倒披针形，两面无毛，边缘反卷。
3 浆果状核果近球形或椭圆形，熟时白色，具明显纵棱。
4 攀缘藤本，具气生根。

【花期】5～7月。

【果期】8～11月。

【生境】生于海拔800m以下的疏林下或林缘路边，攀附于其他树木或岩石上。

【分布】东南部及南部沿海和中部地区较常见。

中文名：**流苏子**

拉丁名：*Coptosapelta diffusa*

拼音：liú sū zi
科名：茜草科 Rubiaceae
属名：流苏子属 *Coptosapelta*
别名：流苏藤

1　花单生于叶腋，花冠高脚碟状，花萼裂片、花冠裂片和雄蕊均为 4～5 数。
2　蒴果具 2 直槽。
3　藤本或攀缘灌木；幼枝密被柔毛；叶对生，卵状披针形，全缘。

【花期】6～8 月。
【果期】8～11 月。
【生境】生于海拔 1200m 以下的林缘路边及山谷溪边或灌丛中。
【分布】各地常见。

玉叶金花

中文名：玉叶金花
拉丁名：*Mussaenda pubescens*

拼音：yù yè jīn huā
科名：茜草科 Rubiaceae
属名：玉叶金花属 *Mussaenda*

1　花黄色，花冠 5 裂，花柱内藏。
2　攀缘灌木；叶对生，宽 1.5～2.5cm；花排成顶生、伞房状聚伞花序。
3　某些花其中一花萼裂片呈花瓣状，白色。
4　相似分类群：大叶白纸扇（*Mussaenda shikokiana*），叶阔卵形或阔椭圆形，宽超过 5cm。

【花期】5～7 月。
【果期】8～11 月。
【生境】生于海拔 1000m 以下的林中路边、林缘或山谷灌丛中及溪边。
【分布】各地极常见。

中文名：**忍 冬**

拉丁名：*Lonicera japonica*

拼音：rěn dōng

科名：忍冬科 Caprifoliaceae

属名：忍冬属 *Lonicera*

别名：金银花

单叶对生

木质藤本

1 花冠二唇形，初时白色，后变金黄色，雄蕊 5，与花柱同伸出花冠。
2 叶对生，纸质，全缘，通常两面均密被短糙毛。
3 浆果球形，成熟时蓝黑色。
4 半常绿攀缘灌木；花成对生于腋生的总花梗顶端。

【花期】4～7 月。

【果期】9～10 月。

【生境】生于海拔 1500m 以下的山坡灌丛、溪沟边或路旁。

【分布】各地常见野生，亦常见栽培。

中文名：**使君子**

拉丁名：*Quisqualis indica*

拼音：shǐ jūn zi

科名：使君子科 Combretaceae

属名：使君子属 *Quisqualis*

1 穗状花序顶生，有时近伞房状；花两性，花萼管细长，绿色，花瓣5片，初时白色，后变红色，雄蕊10。
2 叶对生，薄纸质，顶端短尖，基部近圆形，全缘，叶柄长约1cm。
3 叶背被黄褐色短柔毛。
4 攀缘状藤本。

摄影：3. 赵俊

单叶对生 木质藤本

【花期】3～11月。

【果期】6～11月。

【分布】各地可见，常栽培。

中文名：黄 荆
拉丁名：*Vitex negundo*

拼音：huáng jīng
科名：马鞭草科 Verbenaceae
属名：牡荆属 *Vitex*

1 花冠淡紫色，顶端5裂，二唇形，上唇2裂，下唇3裂，雄蕊4。
2 聚伞花序排成顶生圆锥花序。
3 核果，宿存花萼与核果近等长。
4 灌木或小乔木；幼枝4棱；叶掌状复叶对生，小叶常全缘，下面密生灰白色绒毛。
5 相似分类群：牡荆（*Vitex negundo* var. *cannabifolia*），小叶叶缘有粗锯齿，背面疏生柔毛。

摄影：4. 蒋洪

【花期】3～11月。
【果期】4～11月。
【生境】生于山坡路旁村落附近灌木丛中。
【分布】各地极常见。

中文名：**野鸦椿**

拉丁名：*Euscaphis japonica*

拼音：yě yā chūn

科名：省沽油科 Staphyleaceae

属名：野鸦椿属 *Euscaphis*

别名：圆齿野鸦椿

1　聚伞花序组成圆锥花序，顶生。
2　花小，黄白色，花萼、花瓣和雄蕊均为 5 数，子房由 3 个心皮组成。
3　叶对生，奇数羽状复叶，小叶对生，小叶缘具锯齿。
4　每 1 花发育为 1～3 个蓇葖，皮软革质；种子近球形，假种皮肉质，黑色。
5　落叶灌木或小乔木；果实成熟时蓇葖开裂，果皮紫红色。

摄影：2. 朱鑫鑫

【花期】4～6 月。
【果期】8～11 月。
【生境】生于山谷、疏林中。
【分布】较为常见。

中文名：**三桠苦**

拉丁名：*Melicope pteleifolia*

拼音：sān yā kǔ
科名：芸香科 Rutaceae
属名：蜜茱萸属 *Melicope*
别名：三叉苦

1　灌木或小乔木；叶对生；花单性异株，花组成聚伞圆锥花序。
2　雌花，花萼和花瓣 4，有退化雄蕊，柱头头状。
3　蓇葖，每果瓣有 1 粒种子；种子蓝黑色，有光泽。
4　雄花，花萼、花瓣和雄蕊均为 4。
5　指状三出复叶。

【花期】3～5 月。

【果期】7～10 月。

【生境】生于山坡疏林或灌木丛中。

【分布】除北部地区外广布。

中文名：**菜豆树**

拉丁名：*Radermachera sinica*

拼音：cài dòu shù

科名：紫葳科 Bignoniaceae

属名：菜豆树属 *Radermachera*

1 花冠檐部5裂，能育雄蕊4，柱头扁平。
2 花冠钟状漏斗形，白色至淡黄色，萼齿5。
3 落叶乔木；叶对生；圆锥花序顶生。
4 蒴果圆柱形，常扭曲。
5 种子扁平，具膜质翅。
6 叶二至三回奇数羽状复叶，小叶全缘。

【花期】5～9月。

【果期】10～12月。

【分布】厦门市、福州市、南平市等地有栽培。

锈毛铁线莲

中文名：锈毛铁线莲
拉丁名：*Clematis leschenaultiana*
拼音：xiù máo tiě xiàn lián
科名：毛茛科 Ranunculaceae
属名：铁线莲属 *Clematis*

1 聚伞花序腋生，通常有 3 花；萼片 4，外面密被金黄色柔毛。
2 叶为三出复叶，小叶纸质，小叶上部边缘有粗锯齿，两面被柔毛。
3 瘦果被棕黄色短柔毛，宿存花柱有灰黄色长柔毛。
4 雄蕊多数，花丝扁平，上部被开展的长柔毛，心皮多数，被淡黄色柔毛。
5 木质藤本；茎圆柱形，密被金黄色或黄褐色长柔毛；叶对生。

【花期】1～2 月。
【果期】3～5 月。
【生境】生于山坡森林或灌丛中。
【分布】漳州市（南靖县）、龙岩市（武平县、长汀县）、福州市（闽侯县、闽清县、永泰县）、三明市（永安市）、南平市等地。

华清香藤

中文名：华清香藤
拉丁名：*Jasminum sinense*

拼音：huá qīng xiāng téng
科名：木犀科 Oleaceae
属名：素馨属 *Jasminum*

1 聚伞状圆锥花序腋生及顶生；幼枝圆柱形，密被锈色柔毛；叶柄密被锈色柔毛。
2 缠绕藤本；叶对生，三出复叶，小叶不等大，顶生小叶比侧生小叶大近2倍。
3 花萼裂片锥尖或尖三角形，花冠白色，4~6裂，花冠管细，花药2，内藏，花柱纤细，柱头棒状。
4 果长圆形或近球形，熟时呈黑色。

【花期】6~10月。
【果期】9月至次年5月。
【生境】生于林缘或路边。
【分布】龙岩市（长汀县、连城县）、三明市（永安市）、南平市（建瓯市、武夷山市、光泽县）。

中文名：**清香藤**

拉丁名：*Jasminum lanceolaria*

拼音：qīng xiāng téng

科名：木犀科 Oleaceae

属名：素馨属 *Jasminum*

1　三歧聚伞花序顶生或腋生；花萼 5 裂，裂片短小，近三角形，花冠白色，高脚碟状，花冠管纤细，裂片 4～5，雄蕊 2，内藏。

2　浆果球形或椭圆形，两心皮基部相连或仅一心皮成熟。

3　攀缘状灌木；幼枝圆柱形，有时具棱；叶对生，三出羽状复叶，小叶近等大，全缘。

【花期】4～7 月。

【果期】8～12 月。

【生境】生于林缘或灌丛中。

【分布】各地较常见。

中文名：**芬芳安息香**

拉丁名：*Styrax odoratissimus*

拼音：fēn fāng ān xī xiāng

科名：安息香科 Styracaceae

属名：安息香属 *Styrax*

别名：芬香安息香、郁香野茉莉

1 花冠白色，5 深裂，密被星状绒毛，覆瓦状排列，雄蕊 10。
2 花 6 至多朵排成顶生总状花序，单花或 2～4 花聚生于叶腋。
3 灌木或小乔木；叶互生；果近球形，顶端凸尖，密被灰黄色星状绒毛；花萼宿存。
4 花丝扁平，中部膝曲，密被星状毛。
5 叶薄革质，全缘或疏生锯齿，初时两面有星状毛，后近无毛，先端急尖或短尾状渐尖。

【花期】3～4 月。

【果期】6～9 月。

【生境】生于海拔 400～1000m 的山坡疏林或灌丛中。

【分布】龙岩市（长汀县、连城县）、福州市、三明市（永安市、沙县）、宁德市（古田县）、南平市（建瓯市、建阳区、武夷山市、光泽县）等地。

中文名：**赛山梅**

拉丁名：*Styrax confusus*

拼音：sài shān méi

科名：安息香科 Styracaceae

属名：安息香属 *Styrax*

1　花 3～8 朵排成顶生的总状花序，下部常有 2～3 花聚生叶腋；花冠 5 裂，花蕾时镊合状排列。
2　小乔木。
3　叶革质或坚纸质，椭圆形或卵状椭圆形，顶端急尖或渐尖，缘具细锯齿。
4　果近球形或倒卵形，密被灰黄色星状绒毛。

【花期】4～6 月。

【果期】9～11 月。

【生境】生于海拔 100～1000m 的山谷疏林或灌丛中。

【分布】漳州市（诏安县）、龙岩市、泉州市（永春县、德化县）、莆田市（仙游县）、福州市（连江县）、三明市（永安市、沙县）、宁德市（古田县）、南平市（建瓯市、建阳区、武夷山市）等地。

栓叶安息香

中文名：栓叶安息香

拉丁名：*Styrax suberifolius*

拼音：shuān yè ān xī xiāng

科名：安息香科 Styracaceae

属名：安息香属 *Styrax*

1 花 8～12 朵排成顶生或腋生总状或圆锥花序；花冠白色，5 裂，花蕾时镊合状排列。
2 叶互生，革质，椭圆形、长椭圆形或椭圆状披针形，全缘，上面近无毛。
3 果球形或近球形，被黄褐色星状绒毛。
4 叶背密被褐色星状绒毛，侧脉 7～10 对，第三级小脉近于平行。
5 乔木，树皮红褐色或灰褐色。

【花期】3～5 月。

【果期】9～11 月。

【生境】生于海拔 200～900m 的林中或林缘。

【分布】龙岩市（漳平市、连城县）、三明市（永安市、沙县、将乐县）、宁德市（福安市、屏南县）、南平市（建瓯市、武夷山市）等地。

小叶白辛树

中文名：小叶白辛树

拉丁名：*Pterostyrax corymbosus*

拼音：xiǎo yè bái xīn shù

科名：安息香科 Styracaceae

属名：白辛树属 *Pterostyrax*

1 圆锥花序伞房状；花冠白色，5深裂，雄蕊10。
2 果倒卵形，有5窄翅，外面密被星状短柔毛。
3 落叶乔木；叶互生，纸质，椭圆形至宽卵形或宽倒卵形，顶端急渐尖或短尖，缘具锐尖锯齿。

【花期】4～5月。

【果期】7～9月。

【生境】生于海拔400～1100m的密林中或林缘路边。

【分布】三明市（泰宁县）、南平市（建瓯市、建阳区、武夷山市、光泽县）等地。

中文名：**赤杨叶**

拉丁名：*Alniphyllum fortunei*

拼音：chì yáng yè

科名：安息香科 Styracaceae

属名：赤杨叶属 *Alniphyllum*

1 花冠白色或粉红色，5 深裂，雄蕊 5 长 5 短，花丝扁平，下部合生成短筒。
2 花 10 朵或更多排成顶生或腋生总状花序或圆锥花序。
3 嫩枝被黄色星状毛；叶互生，纸质，边缘具细齿。
4 蒴果长椭圆形，成熟时室背 5 瓣开裂。
5 落叶乔木。

摄影：1. 罗萧

【花期】4～7 月。
【果期】8～10 月。
【生境】生于海拔 300～1400m 的林中或林缘沟谷地。
【分布】大多数地区。

中文名：**陀螺果**

拉丁名：*Melliodendron xylocarpum*

拼音：tuó luó guŏ

科名：安息香科 Styracaceae

属名：陀螺果属 *Melliodendron*

1　落叶乔木；花单生或成对着生于叶腋内。
2　核果通常为陀螺形，木质，有 10 多条纵肋，果实上有环状萼檐的残迹。
3　花冠白色，5 裂，雄蕊 10，花丝下部合生成管，花药线形，花柱 1。
4　叶纸质，互生，倒卵状披针形或长圆形，缘有细锯齿。

【花期】2～3 月。
【果期】8～11 月。
【生境】生于海拔 400～1200m 的山地疏林及林缘。
【分布】龙岩市（上杭县）、南平市（武夷山市）、三明市等地。

中文名：**八角枫**

拉丁名：*Alangium chinense*

拼音：bā jiǎo fēng

科名：八角枫科 Alangiaceae

属名：八角枫属 *Alangium*

1　雄蕊与花瓣同数，药隔无毛。
2　花瓣均为 6～8 片，开花时反卷，初为白色，后变黄色。
3　聚伞花序腋生，每花序有 7～30 朵花，叶背脉腋有丝状柔毛，其余近无毛。
4　落叶小乔木；小枝略呈“之”字形；叶互生，纸质，不裂或有不规则掌状裂。

【花期】6 月。

【果期】8 月。

【生境】生于林缘或次生灌丛中。

【分布】福州市、南平市（建瓯市）等地。

中文名：**球花脚骨脆**

拉丁名：*Casearia glomerata*

拼音：qiú huā jiǎo gǔ cuì

科名：大风子科 Flacourtiaceae

属名：脚骨脆属 *Casearia*

别名：嘉赐树

1 花黄绿色，常多朵簇生于叶腋，萼片5裂，无花瓣，雄蕊9～10，花丝被毛。

2 花萼宿存；肉质蒴果熟时橙黄色至橙红色。

3 叶长圆形至长圆状椭圆形，顶端短尖至钝，基部略偏斜，全缘或有钝齿。

4 灌木或小乔木；小枝初时有棱；叶互生，薄革质。

【花期】4～12月。

【果期】1～12月。

【生境】生于疏林灌丛中、林缘。

【分布】中部、南部可见。

中文名：**山桐子**

拉丁名：*Idesia polycarpa*

拼音：shān tóng zi

科名：大风子科 Flacourtiaceae

属名：山桐子属 *Idesia*

1 花单性，雌雄异株或杂性，黄绿色，无花瓣，排成顶生下垂的圆锥花序；雌花萼 3～6，花柱 5～6。
2 相似分类群：毛叶山桐子（*Idesia polycarpa* var. *vestita*），花序梗及花梗有密毛；花萼 3～6，雄蕊多数，着生在花盘上。
3 相似分类群：毛叶山桐子，叶柄和叶背密被柔毛。
4 浆果成熟时紫红色，扁圆形。
5 落叶乔木；叶互生，纸质，卵形至卵状心形，缘具疏齿，叶柄长，圆柱形，有 2～4 枚扁平腺体。

摄影：1. 尚策

【花期】4～5 月。

【果期】10～11 月。

【生境】生于密林中。

【分布】南平市、三明市、龙岩市等地。

中文名：**天料木**

拉丁名：*Homalium cochinchinense*

拼音：tiān liào mù

科名：大风子科 Flacourtiaceae

属名：天料木属 *Homalium*

1 花萼线形或倒披针形，花瓣匙形，均被毛，花盘腺体与萼片同数，雄蕊与花瓣同数，花柱常为 3。
2 花两性，组成腋生总状花序，有时稍分枝。
3 叶纸质，宽椭圆状长圆形至倒卵状长圆形，缘具疏齿，两面沿中脉和侧脉被柔毛，叶柄短。
4 灌木或小乔木；叶互生。

【花期】2～11 月。

【果期】9～12 月。

【生境】生于山坡疏林及灌木丛中。

【分布】中部、南部可见。

中文名：**柞 木**

拉丁名：*Xylosma congesta*

拼音：zuò mù

科名：大风子科 Flacourtiaceae

属名：柞木属 *Xylosma*

1 总状花序腋生或生于枝干上；花单性，雌雄异株，萼片4～6，花瓣缺；雄花雄蕊多数。
2 单叶互生，叶阔卵形、卵状菱形至卵状椭圆形，顶端短尖至渐尖，缘有疏齿，两面无毛。
3 浆果球形，顶端有宿存花柱，成熟时紫黑色。
4 常绿大灌木或小乔木，枝干上常有刺。

摄影：1、2. 廖帅

【花期】7～11月。
【果期】8～12月。
【生境】生于疏林及灌木丛中。
【分布】各地可见。

中文名：**黑面神**　　拼音：hēi miàn shén

拉丁名：*Breynia fruticosa*　　科名：大戟科 Euphorbiaceae

属名：黑面神属 *Breynia*

1　花小，单性，雌雄同株，单生或2～4朵簇生于叶腋；雌花花萼钟状，6深裂，花柱3，外弯，顶端各2裂。
2　叶背粉绿色，叶柄短，托叶三角状披针形。
3　灌木，全株无毛；叶互生，革质，菱状卵形、卵形至卵状披针形，两端钝或急尖。
4　果肉质，近球形，宿存花萼膨大呈盘状。

摄影：1～4. 朱鑫鑫

【花期】4～11月。
【果期】6月至次年2月。
【生境】生于山坡、荒野、路旁灌草丛中。
【分布】漳州市（诏安县、漳浦县、龙海市、南靖县、长泰县）、厦门市、龙岩市（漳平市）、莆田市等地。

喙果黑面神

中文名：喙　果黑面神
拉丁名：*Breynia rostrata*

拼音：huì guǒ hēi miàn shén
科名：大戟科 Euphorbiaceae
属名：黑面神属 *Breynia*

1　雄花花梗纤细，花萼半球形，雄蕊 3。
2　花单性，雌雄同株，单生或 2～3 朵雌花和雄花共同簇生于叶腋。
3　蒴果扁球形，顶端具喙状宿存花柱。
4　雌花花萼 6 裂，果时不增大，花柱 3，顶端各 2 深裂。
5　灌木或小乔木；叶互生，纸质或近革质，全缘。

【花期】5～12 月。
【果期】8～12 月。
【生境】生于山路旁灌草丛中。
【分布】漳州市（龙海市、南靖县）、福州市（福清市、长乐区、闽侯县、永泰县）、宁德市（福安市）。

中文名：**石　栗**

拉丁名：*Aleurites moluccana*

拼音：shí lì

科名：大戟科 Euphorbiaceae

属名：石栗属 *Aleurites*

1　花单性，雌雄同株，组成顶生圆锥花序，花直径 6～8mm，花瓣白色，5 数。
2　叶互生，卵形或宽披针形，顶端渐尖。
3　叶柄顶端有 2 枚小腺体。
4　核果卵形或近球形，肉质，有纵棱，被褐色星状柔毛。
5　常绿乔木。

【花期】4～7 月。

【果期】8 月。

【分布】厦门市、福州市、漳州市等地有栽培（原产于马来西亚和波利尼西亚）。

里白算盘子

中文名：里白算盘子

拉丁名：*Glochidion triandrum*

拼音：lǐ bái suàn pán zi

科名：大戟科 Euphorbiaceae

属名：算盘子属 *Glochidion*

别名：尖叶算盘子

1 雌花常 8～10 朵簇生，花梗极短，花萼 6 片，花柱合生，粗而硬。
2 花小，单性，雌雄同株，数朵簇生于叶腋；叶背常灰白色，密被微柔毛。
3 叶互生，纸质至近薄革质，狭长圆形至长圆形，全缘，基部偏斜。
4 雄花常 4～7 朵簇生，花梗细，花萼 6 片，雄蕊 3。
5 灌木或小乔木。

【花期】3～7 月。

【果期】7～12 月。

【生境】生于杂木林中近山谷处。

【分布】福州市、漳州市（南靖县、平和县）、宁德市（福安市）、南平市等地。

中文名：算盘子 拼音：suàn pán zi
拉丁名：*Glochidion puberum* 科名：大戟科 Euphorbiaceae
属名：算盘子属 *Glochidion*

1 花单性，雌雄同株，花数朵簇生于叶腋；雄花花梗细长，花萼6片，雄蕊3。
2 直立多枝灌木；叶互生，纸质，长圆形至狭长圆形，有时近椭圆形，上面除脉外常无毛。
3 蒴果扁球形，顶基压扁，被短柔毛；叶背被短柔毛。
4 相似分类群：毛果算盘子（*Glochidion eriocarpum*），叶片和蒴果均被扩展的长柔毛。

【花期】4～8月。
【果期】7～11月。
【生境】生于山地及路旁灌丛。
【分布】各地较为常见。

中文名：**禾串树**

拉丁名：*Bridelia balansae*

拼音：hé chuàn shù

科名：大戟科 Euphorbiaceae

属名：土蜜树属 *Bridelia*

1　花单性，雌雄同株，簇生于叶腋，花 5 基数；雄花的雄蕊花丝基部合生，退化雌蕊圆锥形，花盘浅杯状。
2　叶背无毛或疏被微柔毛，边缘反卷。
3　核果长圆形，成熟时紫黑色，具短梗。
4　乔木；叶互生，纸质，长圆形或长椭圆形，全缘，顶端渐尖。

【花果期】3～8 月。

【生境】生于密林中。

【分布】福州市（永泰县）、漳州市（南靖县）、宁德市（福安市）等地。

中文名：**山乌桕**

拉丁名：*Triadica cochinchinensis*

拼音：shān wū jiù

科名：大戟科 Euphorbiaceae

属名：乌桕属 *Triadica*

1　花单性，雌雄同序，有时仅具雄花，排成顶生穗形总状花序。
2　雄花 7 朵簇生一苞腋内，花梗细长，花萼杯状，雄蕊常 2，花药 2 室。
3　雌花生于花序近基部，花梗较粗，萼片 3，花柱明显，柱头 3 裂。
4　蒴果近球形；叶柄顶端有 2 枚腺体。
5　乔木或灌木，具含毒的乳汁；叶互生，纸质，椭圆状卵形，长约为宽的两倍，全缘。

【花期】5～6 月。

【果期】7～11 月。

【生境】生于山坡林缘或沟谷边林中。

【分布】大多数地区可见。

中文名：**乌 桕**

拉丁名：*Triadica sebifera*

拼音：wū jiù

科名：大戟科 Euphorbiaceae

属名：乌桕属 *Triadica*

1 花单性，常雌雄同序，排成顶生穗形总状花序。
2 蒴果木质，种子被蜡层，在分果爿脱落后仍宿着中轴上。
3 叶互生，纸质，菱形至宽菱状卵形，长宽近等长，全缘。
4 雄花 10～15 朵簇生一苞腋内，花萼杯状，雄蕊常 2，花药 2 室。
5 雌花生于花序基部，花萼 3 裂，花柱 3 裂。
6 乔木，具含毒的乳汁。

【花期】4～8 月。

【果期】8～11 月。

【生境】生于山坡或平地。

【分布】各地可见。

黄毛五月茶

中文名：黄毛五月茶
拉丁名：*Antidesma fordii*
拼音：huáng máo wǔ yuè chá
科名：大戟科 Euphorbiaceae
属名：五月茶属 *Antidesma*

1 花雌雄异株；雄花序由具有数支轴的穗状花序组成。
2 核果长圆状椭圆形，稍扁，2 棱，被疏柔毛。
3 叶柄和叶背被黄色密柔毛。
4 叶互生，纸质，顶端尾状渐尖，基部圆钝。

【花期】3～7 月。
【果期】7 月至次年 1 月。
【生境】生于常绿阔叶林中。
【分布】漳州市（南靖县）、龙岩市、莆田市（仙游县）、福州市（福清市、长乐区）、宁德市等地。

中文名：酸味子

拉丁名：*Antidesma japonicum*

拼音：suān wèi zi

科名：大戟科 Euphorbiaceae

属名：五月茶属 *Antidesma*

别名：日本五月茶

1 雄花花萼3～5裂，雄蕊数同花萼裂片，花丝插生于肉质花盘内。
2 核果扁圆形。
3 雌花花萼4～5裂，花盘垫状，子房无毛，柱头2～3裂。
4 叶全缘，顶端渐尖或尾状渐尖，两面无毛。
5 直立灌木；花雌雄异株，雄花排成顶生或腋生的总状花序；叶互生。

【花期】4～6月。
【果期】7～9月。
【生境】生于杂木林中。
【分布】较为常见。

中文名：**白背叶**

拉丁名：*Mallotus apelta*

拼音：bái bèi yè

科名：大戟科 Euphorbiaceae

属名：野桐属 *Mallotus*

1 雌花无梗，子房被软刺和星状绒毛，花柱3。
2 花单性，雌雄异株，排成穗状花序；雄花花萼3～6裂，雄蕊多数。
3 果序圆柱形，蒴果近球形，密生线状软刺和星状绒毛。
4 蒴果成熟时开裂；种子黑色，光亮。
5 叶互生，宽卵形，全缘或顶部3浅裂，下面密被灰白色星状绒毛。
6 灌木或小乔木；小枝、叶柄和花序均被白色星状绒毛。

【花期】4～9月。

【果期】10～11月。

【生境】生于山坡路旁灌丛中或林缘。

【分布】各地可见。

中文名：**白　楸**

拉丁名：*Mallotus paniculatus*

拼音：bái qiū

科名：大戟科 Euphorbiaceae

属名：野桐属 *Mallotus*

1　叶上部或 2 浅裂。
2　蒴果扁球状三棱形，密被黄褐色星状绒毛及疏离的软刺。
3　蒴果熟时开裂，种子近球形，黑褐色。
4　叶全缘，基部有斑点状腺体 2 枚，叶柄略呈盾状着生。
5　叶上部或一侧浅裂，叶背密被灰白色或黄褐色星状绒毛。
6　乔木或灌木；叶互生或上部轮生，卵形或菱形。

【花期】8 月。

【果期】10～11 月。

【生境】生于山地灌丛中或林缘。

【分布】福州市、漳州市（南靖县）、泉州市（永春县）等地。

中文名：**粗糠柴**

拉丁名：*Mallotus philippensis*

拼音：cū kāng chái

科名：大戟科 Euphorbiaceae

属名：野桐属 *Mallotus*

别名：红果果

1　花单性，雌雄同株，花序总状，顶生或腋生，常具分枝；雄花花萼3～4裂，雄蕊多数。

2　叶背多少粉白色，被星状柔毛和红色腺点，掌状脉3条。

3　雌花花萼管状，子房被红色腺点，花柱2～3。

4　蒴果扁球形，具2～3个分果爿，无软刺，密被深红色颗粒状腺点。

5　小乔木；叶互生或近于对生，近革质，顶部渐尖，全缘，上面无毛。

摄影：1～3．朱鑫鑫

【花期】4～7月。

【果期】5～8月。

【生境】生于杂木林中或林缘。

【分布】泉州市（永春县）、福州市（永泰县、连江县）、宁德市（福安市）、南平市（光泽县）等地。

中文名：**野 桐**
拉丁名：*Mallotus tenuifolius*

拼音：yě tóng
科名：大戟科 Euphorbiaceae
属名：野桐属 *Mallotus*

1 花单性，雌雄异株，排成顶生总状花序；雄花花萼 3 裂，雄蕊多数。
2 叶三角状圆形或宽卵形，全缘或上部 3 浅裂，或有齿，叶背被稀疏星状毛。
3 果序圆柱形；蒴果球形，有软刺，密被星状毛。
4 乔木或灌木；幼枝密被褐色星状绒毛；叶互生。

【花期】5～6 月。
【果期】6～7 月。
【生境】生于林缘、疏林或灌丛中。
【分布】三明市（泰宁县）、南平市（建阳区、武夷山市）等地。

中文名：余甘子

拉丁名：*Phyllanthus emblica*

拼音：yú gān zi

科名：大戟科 Euphorbiaceae

属名：叶下珠属 *Phyllanthus*

1 落叶小乔木或灌木。
2 果近球形，外果皮肉质，内果皮硬壳质。
3 小枝被锈色短柔毛；果生叶腋。
4 叶互生，排成2列，宛如羽状复叶，叶片近革质，线状长圆形。

摄影：3. 罗萧

【花期】5～6月。

【果期】7～11月。

【生境】生于疏林下或山坡向阳处。

【分布】漳州市（诏安县、漳浦县、龙海市）、厦门市、龙岩市（漳平市）、泉州市（晋江市、惠安县）、莆田市、福州市（福清市）等地。

中文名：**木油桐**

拉丁名：*Vernicia montana*

拼音：mù yóu tóng

科名：大戟科 Euphorbiaceae

属名：油桐属 *Vernicia*

别名：千年桐

1 花单性，雌雄异株或有时同株；雄花序为多个聚伞花序组成的伞房状花序。
2 子房密被柔毛，发皱。
3 叶柄顶端有 2 枚具柄的杯状腺体。
4 叶互生，阔卵形，基部心形至近截平，或全缘；核果卵球形，具皱纹。
5 落叶乔木，含乳状汁；叶或 3～5 深裂。

【花期】3～6 月。

【果期】6～11 月。

【生境】生于海拔 800m 以下的山坡、沟谷。

【分布】漳州市（诏安县、龙海市）、厦门市、龙岩市（上杭县、连城县）、福州市、三明市（永安市、沙县）、南平市（建瓯市、武夷山市）等地。

中文名：**油 桐**

拉丁名：*Vernicia fordii*

拼音：yóu tóng

科名：大戟科 Euphorbiaceae

属名：油桐属 *Vernicia*

别名：三年桐

1 雌花花瓣 5～8，子房外被柔毛，花柱与子房室同数，2 裂。
2 叶柄顶端有 2 枚扁平、无柄的腺体。
3 雄花花萼 2～3 裂，花瓣常为 5，花瓣白色，雄蕊 8～20。
4 花单性，雌雄同株，组成疏散的圆锥状聚伞花序。
5 落叶乔木，含乳状汁；叶互生，卵形或卵状圆形，基部近截形或心形；核果近球形，平滑。

【花期】3～4 月。

【果期】5～9 月。

【分布】各地均有栽培。

中文名：冬　青

拉丁名：*Ilex chinensis*

拼音：dōng qīng

科名：冬青科 Aquifoliaceae

属名：冬青属 *Ilex*

1　花单性，雌雄异株；聚伞花序生于叶腋；花紫红色，花瓣和雄蕊均为 4～5。

2　叶背无毛，中脉在背面隆起。

3　常绿乔木或灌木；叶先端渐尖。

4　果长球形，成熟时红色。

5　叶缘波状，疏生细钝齿，叶正面无毛。

【花期】4～7 月。

【果期】8～12 月。

【生境】生于山坡疏林中，在灌丛或路旁稍向阳处也能生长。

【分布】漳州市（诏安县）、三明市（永安市、沙县、宁化县、泰宁县）、龙岩市（长汀县、连城县）、泉州市、莆田市（仙游县）、宁德市（古田县）、南平市。

中文名：**枸　骨**

拉丁名：*Ilex cornuta*

拼音：gǒu gǔ

科名：冬青科 Aquifoliaceae

属名：冬青属 *Ilex*

1　花单性，雌雄异株，花淡黄绿色，簇生于叶腋，雄花具 4 枚雄蕊。
2　核果球形，熟时红色。
3　灌木或小乔木。
4　雌花柱头盘状；败育雄蕊箭头状。
5　叶硬革质，顶端尖而有硬刺，边缘常有硬刺，或全缘。

【花期】4～5 月。

【果期】8 月至次年 2 月。

【分布】厦门市、福州市等地有栽培。

厚叶冬青

中文名：厚叶冬青

拉丁名：*Ilex elmerrilliana*

拼音：hòu yè dōng qīng

科名：冬青科 Aquifoliaceae

属名：冬青属 *Ilex*

1 花果簇生于叶腋，果成熟时红色。
2 叶背淡绿色，无光泽，无毛。
3 叶厚革质，上面有光泽。
4 相似分类群：铁冬青（*Ilex rotunda*），伞形花序；叶薄革质或纸质，全缘，背面淡绿色。

【花期】4～5 月。

【果期】7～11 月。

【生境】多生于沟谷林中。

【分布】福州市（永泰县）、三明市（宁化县、沙县、明溪县、将乐县、泰宁县）、南平市（建阳区、松溪县、政和县、武夷山市）等地。

中文名：**毛冬青**

拉丁名：*Ilex pubescens*

拼音：máo dōng qīng

科名：冬青科 Aquifoliaceae

属名：冬青属 *Ilex*

1 花单性，雌雄异株，雌花簇每枝为单生花，花粉红色，具退化雄蕊。
2 幼枝纤细，密生粗毛或短柔毛；叶纸质，两面被毛，近全缘或疏生锯齿，齿端芒尖而弯曲。
3 果簇常有 1～2 个，宿存柱头头状。
4 常绿灌木或小乔木。

【花期】4～5 月。

【果期】8～11 月。

【生境】生于常绿阔叶林或山坡灌丛中。

【分布】各地常见。

中文名：**三花冬青**

拼音：sān huā dōng qīng

拉丁名：*Ilex triflora*

科名：冬青科 Aquifoliaceae

属名：冬青属 *Ilex*

1 雄花簇每枝为具1～3花的聚伞花序；花白色或淡红色，4数。
2 幼枝有棱沟，被短柔毛。
3 叶顶端短渐尖或急尖，边缘具波状锯齿。
4 果球形，成熟后黑色。
5 常绿灌木。

摄影：3．赵俊

【花期】5～7月。

【果期】8～11月。

【生境】生于山坡林缘或灌丛中。

【分布】各地可见。

中文名：**灯笼吊钟花**

拉丁名：*Enkianthus chinensis*

拼音：dēng lóng diào zhōng huā

科名：杜鹃花科 Ericaceae

属名：吊钟花属 *Enkianthus*

别名：灯笼花、灯笼树

1　花 7～12 朵排成伞形花序或伞形状的总状花序。
2　蒴果卵球形，果梗顶端弯曲；花萼和花柱宿存。
3　花冠橙色，常有深色条纹，顶端 5 裂，雄蕊 10 枚内藏，花药顶端有 2 个芒，花柱 1。
4　落叶灌木；叶纸质或硬纸质，椭圆形至倒卵状椭圆形，顶端尖，有短小尖头，基部楔形或宽楔形，缘有圆齿状锯齿。

【花期】5～6 月。

【果期】8～10 月。

【生境】生于海拔 1200～2150m 的山顶灌丛或沟谷林缘。

【分布】漳州市（平和县）、泉州市（德化县）、三明市（永安市、泰宁县）、南平市（建瓯市、武夷山市、浦城县）等地。

刺毛杜鹃

中文名：刺毛杜鹃

拼音：cì máo dù juān

拉丁名：*Rhododendron championiae*

科名：杜鹃花科 Ericaceae

属名：杜鹃属 *Rhododendron*

1 花4～6朵排成近顶生的伞形花序。
2 蒴果被刚毛。
3 叶坚纸质，披针形至长圆状披针形，被刚毛，叶柄和嫩枝等被腺毛。
4 花冠玫瑰红色或浅红色，漏斗状钟形，花丝下半部被微毛。
5 常绿灌木或小乔木。

【花期】3～4月。

【果期】9～10月。

【生境】多生于海拔600～1300m的沟谷林中或林缘灌丛阴湿地。

【分布】各地较常见。

中文名：**杜　鹃**

拉丁名：*Rhododendron simsii*

拼音：dù juān

科名：杜鹃花科 Ericaceae

属名：杜鹃属 *Rhododendron*

别名：映山红

1　花冠 5 裂，阔漏斗形，上部裂片具斑点，雄蕊 10。
2　蒴果和叶正面疏被糙伏毛。
3　叶薄革质，常为椭圆形至长圆状椭圆形；枝和叶背被褐色糙伏毛。
4　灌木，多分枝；花红色，2～6 朵排成顶生伞形花序。

【花期】3～4 月。

【果期】7～9 月。

【生境】多生于海拔 2150m 以下的山地灌丛或林缘路边及疏林下。

【分布】各地极多见。

猴头杜鹃

中文名：猴头杜鹃
拉丁名：*Rhododendron simiarum*

拼音：hóu tóu dù juān
科名：杜鹃花科 Ericaceae
属名：杜鹃属 *Rhododendron*

1 花排成顶生伞形状的总状花序，花冠漏斗状钟形，粉红色，有玫瑰红色斑点。
2 叶背被薄层白粉或土黄色丛卷毛，后毛脱落。
3 常绿灌木或小乔木。
4 叶互生，厚革质，倒卵形或长圆状披针形，顶端钝或近圆，基部楔形，上面初时被丛卷毛，后变无毛，全缘。

【花期】4～5 月。

【果期】7～8 月。

【生境】多生于海拔 1500m 以上的密林中或石岩上阴湿地。

【分布】龙岩市（上杭县）、三明市（永安市）、南平市（建阳区、武夷山市）等地。

中文名：**马银花**

拉丁名：*Rhododendron ovatum*

拼音：mǎ yín huā

科名：杜鹃花科 Ericaceae

属名：杜鹃属 *Rhododendron*

1 花冠粉红色、玫瑰红色、紫白色至淡紫色，雄蕊 5。
2 叶互生，卵形至阔卵形，薄革质，两面近无毛，全缘。
3 蒴果近球形，被腺毛，花萼增大，宿存。
4 常绿灌木；花单生于枝顶叶腋。

【花期】3～4 月。

【果期】8～9 月。

【生境】多生于海拔 800m 以下的山坡林中或沟谷林缘边灌丛中。

【分布】各地常见。

中文名：**满山红**

拉丁名：*Rhododendron mariesii*

拼音：mǎn shān hóng

科名：杜鹃花科 Ericaceae

属名：杜鹃属 *Rhododendron*

1 花冠漏斗形，花萼小。
2 叶椭圆形或阔卵形，初时两面被黄褐色、绢质、平伏的柔毛。
3 花顶生，花冠浅玫瑰红色，雄蕊 10，花柱长。
4 落叶灌木；花先叶开放。

摄影：1、3、4. 毛星星

【花期】2～4 月。

【果期】8～10 月。

【生境】多生于海拔 400～800m 的山地丘陵灌丛中或林缘路边向阳地。

【分布】各地较常见。

中文名：**弯蒴杜鹃**

拉丁名：*Rhododendron henryi*

拼音：wān shuò dù juān

科名：杜鹃花科 Ericaceae

属名：杜鹃属 *Rhododendron*

1 花冠粉红色或淡紫红色，漏斗状钟形，子房被毛。
2 叶缘具刚毛。
3 叶坚纸质或薄革质，椭圆状披针形。
4 花 4～5 朵排成假顶生的伞形花序，花芽富含黏质。
5 常绿灌木或小乔木，树皮稍平滑，嫩枝初时被开展的刚状黏腺毛。

【花期】3～4 月。

【果期】9～10 月。

【生境】多生于海拔 200～700m 的山坡林中或沟谷林缘灌丛中。

【分布】多数地区较常见。

中文名：**西施花**

拉丁名：*Rhododendron latoucheae*

拼音：xī shī huā

科名：杜鹃花科 Ericaceae

属名：杜鹃属 *Rhododendron*

别名：鹿角杜鹃

1　花冠白色或带粉红色，狭漏斗形，裂片长圆状卵形至匙形，雄蕊 10，花柱 1。

2　叶互生，呈假轮生状，薄革质或革质，顶端尾状渐尖，基部楔形，全缘，边缘反卷，两面无毛。

3　常绿灌木或小乔木；花排成假顶生伞形花序，花单朵，但常数芽聚生于枝顶。

4　蒴果长圆柱形，具 6 棱，无毛；果梗细长。

【花期】3～4 月。

【果期】7～9 月。

【生境】多生于海拔 700m 以上的山地或沟谷林中及林缘，有时也常见于石山上、疏林中。

【分布】各地较常见。

中文名：**马醉木**
拼音：mǎ zuì mù
拉丁名：*Pieris japonica*
科名：杜鹃花科 Ericaceae
属名：马醉木属 *Pieris*

1 花排成顶生总状花序；花冠白色，坛状。
2 常绿灌木；叶通常簇生枝顶。
3 蒴果球形，成熟时5裂；花萼宿存。
4 叶革质，披针形、狭披针形至狭倒披针形，两面无毛，边缘仅上部具齿。

【花期】2～4月。
【果期】9～10月。
【生境】多生于海拔700～1750m的山地或沟谷林中、林缘或路旁灌丛。
【分布】三明市（宁化县、永安市、泰宁县）、泉州市（德化县）、南平市（邵武市、光泽县、武夷山市）、宁德市（屏南县）等地。

中文名：**短尾越桔**

拉丁名：*Vaccinium carlesii*

拼音：duǎn wěi yuè jú
科名：杜鹃花科 Ericaceae
属名：越桔属 *Vaccinium*
别名：福建乌饭树

1 花药背部有一对芒，花丝被柔毛。
2 花冠白色，钟形，口部张开，顶端5裂，雄蕊10。
3 花排成腋生总状花序；叶边缘有疏细齿，顶端尾状渐尖。
4 子房下位；浆果圆球形，成熟时紫红色至黑色。
5 常绿灌木。

【花期】5～6月。
【果期】8～11月。
【生境】多生于海拔1500m以下的山地或山坡向阳灌丛中。
【分布】各地常见。

中文名：黄背越桔

拉丁名：*Vaccinium iteophyllum*

拼音：huáng bèi yuè jú
科名：杜鹃花科 Ericaceae
属名：越桔属 *Vaccinium*
别名：鼠刺乌饭树

1　常绿灌木或小乔木；花排成腋生总状花序；花冠白色或带粉红色，圆筒形，稍下垂。
2　果、果序轴和果梗均被短柔毛；浆果球形，熟时红色至紫红色。
3　叶革质，互生，椭圆形或椭圆状长圆形，顶端短渐尖，基部阔楔形或稍钝，缘有疏锯齿或钝齿。
4　小枝密被短柔毛；叶背初时疏被短柔毛，后仅中脉被毛。

【花期】4～5月。
【果期】9～11月。
【生境】多生于海拔300～1500m的山地疏林中或林缘路旁沟谷地或灌丛中。
【分布】南平市、三明市等地。

中文名：**南　烛**

拉丁名：*Vaccinium bracteatum*

拼音：nán zhú

科名：杜鹃花科 Ericaceae

属名：越桔属 *Vaccinium*

别名：乌饭树

1　花排成顶生或腋生总状花序；花冠圆筒状壶形，口部缢缩，外面被柔毛。
2　果序轴被褐色毛；子房下位；浆果被短柔毛。
3　苞片叶状，宿存。
4　常绿灌木或小乔木；叶革质或近革质，叶缘有细锯齿，先端渐尖或急尖。

【花期】5～6 月。

【果期】10～12 月。

【生境】多生于海拔 300m 以上的山坡灌丛、山地或沟谷溪旁林缘及林中。

【分布】大多数地区可见。

小果珍珠花

中文名：小果珍珠花
拉丁名：*Lyonia ovalifolia* var. *elliptica*

拼音：xiǎo guǒ zhēn zhū huā
科名：杜鹃花科 Ericaceae
属名：珍珠花属 *Lyonia*
别名：小果南烛

1　花冠白色，圆筒形或长圆状壶形，外面被微柔毛。
2　蒴果小，成熟时5瓣裂。
3　半常绿灌木或小乔木。
4　花丝和子房被柔毛。
5　总状花序腋生或顶生；叶互生，叶片近坚纸质，全缘。

摄影：2. 罗萧

【花期】5～6月。
【果期】9～12月。
【生境】多生于海拔200m以上的阳坡疏林或林缘灌丛中。
【分布】各地常见。

中文名：**山杜英**

拉丁名：*Elaeocarpus sylvestris*

拼音：shān dù yīng

科名：杜英科 Elaeocarpaceae

属名：杜英属 *Elaeocarpus*

1　花淡黄绿色，萼片披针形，花瓣顶端有流苏状细齿，雄蕊常15。

2　叶纸质，狭倒卵形至倒卵状披针形，顶端短尖，缘具钝齿，叶柄长0.5～1.2cm。

3　常绿乔木；叶互生；总状花序腋生或生于叶痕的腋部。

【花期】4～5月。

【果期】5～8月。

【生境】生于疏林中。

【分布】内陆地区可见。

中文名：**薯 豆**

拉丁名：*Elaeocarpus japonicus*

拼音：shǔ dòu

科名：杜英科 Elaeocarpaceae

属名：杜英属 *Elaeocarpus*

别名：日本杜英

1　总状花序腋生；花杂性，淡绿色，花瓣顶部有几个浅圆齿。
2　核果椭圆形，蓝绿色，无毛。
3　叶互生，薄革质，椭圆形至倒卵状长圆形，缘具浅锯齿，顶端常渐尖，叶柄长 2.5～5.5cm。
4　乔木。

摄影：1. 徐明杰

【花期】4～5 月。

【果期】7～8 月。

【生境】生于常绿林中。

【分布】内陆大多数地区可见。

中文名：**猴欢喜**

拉丁名：*Sloanea sinensis*

拼音：hóu huān xǐ

科名：杜英科 Elaeocarpaceae

属名：猴欢喜属 *Sloanea*

1 花数朵生于小枝上部叶腋，萼片和花瓣4数，花瓣白色至淡绿色，雄蕊多数。
2 常绿乔木；蒴果木质，密被尖刺和刺毛。
3 蒴果5～6瓣开裂；种子黑色有光泽，具橙红色假种皮。
4 叶互生，纸质，顶端渐尖，全缘或中部以上有小齿。

【花期】6～10月。

【果期】5～11月。

【生境】生于疏林中。

【分布】各地常见。

中文名：**杜　仲**　　拼音：dù zhòng

拉丁名：*Eucommia ulmoides*　　科名：杜仲科 Eucommiaceae

属名：杜仲属 *Eucommia*

1　雌花单生于小枝下部，子房扁平，顶端2裂。
2　翅果扁平，长椭圆形，先端2裂；坚果位于中央，稍突起。
3　花单性，雌雄异株，无花被；雄花簇生，雄蕊5～10。
4　落叶乔木，含杜仲胶；叶互生，薄革质，顶端渐尖，缘有锯齿，老叶略有皱纹。

【花期】3～5月。

【果期】7～9月。

【分布】厦门市、福州市、南平市（顺昌县、邵武市）等地有栽培。

中文名：**扁担杆**

拉丁名：*Grewia biloba*

拼音：biǎn dan gān
科名：椴树科 Tiliaceae
属名：扁担杆属 *Grewia*
别名：孩儿拳头

1　核果有纵沟，分成 2～4 个小核果，被疏毛或近无毛。
2　叶背疏生星状粗毛。
3　叶互生，薄革质，基生 3 出脉，边缘有锯齿；果成熟时橙红色。

【花期】5～7 月。
【果期】8～10 月。
【生境】生于山坡灌木丛中。
【分布】各地常见。

中文名：**白毛椴**

拉丁名：*Tilia endochrysea*

拼音：bái máo duàn

科名：椴树科 Tiliaceae

属名：椴树属 *Tilia*

别名：建宁椴、鳞果椴、两广椴

1 花萼、花瓣均为5数，雄蕊多数，退化雄蕊呈花瓣状，花柱1，先端5裂。

2 落叶乔木；叶互生，卵形或阔卵形，先端渐尖或锐尖，基部斜心形或截形，上面无毛，缘具疏齿。

3 叶背被灰白色星状茸毛；聚伞花序，苞片窄长圆形，下部与花序柄合生，柄长1～3cm。

【花期】7～8月。

【生境】生于疏林中、山坡向阳处。

【分布】三明市（泰宁县、永安市、建宁县）、南平市（武夷山市）、泉州市（德化县）等地。

中文名：

东方古柯

拉丁名：*Erythroxylum sinense*

拼音：dōng fāng gǔ kē
科名：古柯科 Erythroxylaceae
属名：古柯属 *Erythroxylum*

1 花小，单生或簇生于叶腋，花瓣 5，雄蕊 10，花柱 3。
2 果为核果，长圆形而稍具 3 棱，成熟时红色。
3 灌木或小乔木状；叶互生，纸质，长椭圆状、倒披针形或倒卵形，叶柄短。

单叶互生 乔木或灌木

【花期】4～6 月。
【果期】6～8 月。
【生境】生于阔叶林中或林缘路旁。
【分布】龙岩市（上杭县）、福州市（永泰县）、三明市（沙县、将乐县）、宁德市、南平市（建阳区、邵武市、武夷山市）等地。

中文名：**海金子**

拉丁名：*Pittosporum illicioides*

拼音：hǎi jīn zi

科名：海桐花科 Pittosporaceae

属名：海桐花属 *Pittosporum*

别名：崖花海桐、崖子花

1　伞形花序顶生；花梗纤细，常向下弯，花萼、花瓣和雄蕊均为5数，花柱1。
2　蒴果近球形，多少呈三角状球形，或有纵沟3条；果梗纤细；花柱宿存。
3　叶互生，常3～8片簇生于小枝顶端，呈假轮生状，薄革质，倒卵状披针形或倒披针形，无毛，边缘平展或稍皱折。
4　常绿灌木；小枝近轮生状。

摄影：1、4. 朱鑫鑫

【花期】3～5月。
【果期】6～11月。
【生境】生于林缘或林中或沟谷岩隙间。
【分布】龙岩市（永定区、上杭县）、泉州市（德化县）、福州市、三明市（永安市、泰宁县）、宁德市（屏南县）、南平市（武夷山市）等地。

中文名：**海 桐**

拉丁名：*Pittosporum tobira*

拼音：hǎi tóng

科名：海桐花科 Pittosporaceae

属名：海桐花属 *Pittosporum*

1 伞形或伞房状花序顶生或近顶生；花萼、花瓣和雄蕊均为 5 数，花瓣白色后变黄色，花柱 1。
2 蒴果圆球形，有 3 棱，熟时 3 瓣裂；种子被黏性油质物。
3 叶互生，革质，倒卵形或倒卵状披针形，顶端圆形、钝或微凹，幼时两面被柔毛，后无毛。
4 常绿灌木或小乔木；叶聚生于枝顶。

【花期】3～5 月。

【果期】6～10 月。

【分布】多见栽培。

中文名：**毛 竹**

拉丁名：*Phyllostachys edulis*

拼音：máo zhú

科名：禾本科 Poaceae

属名：刚竹属 *Phyllostachys*

别名：楠竹

1 箨鞘外被棕色刺毛和大小不整齐的褐色斑块；箨耳不发达，有弯曲的硬縫毛。

2 竿着枝一侧有沟槽；每节 2 分枝，斜出平展；每小枝有 2～4 叶，叶片披针形。

3 地下茎单轴型。

4 竿散生，幼竿密被细柔毛及厚白粉。

【生境】生于山地湿润地带。

【分布】除海岛外的大部分地区。

雷公鹅耳枥

中文名：雷公鹅耳枥

拉丁名：*Carpinus viminea*

拼音：léi gōng é ěr lì

科名：桦木科 Betulaceae

属名：鹅耳枥属 *Carpinus*

1 果为小坚果，卵圆形或扁圆形，着生于总苞的基部。
2 果序生于当年生枝顶，细长；苞片及小苞片结合成叶状总苞。
3 落叶乔木；叶互生，卵形、卵状披针形至卵状椭圆形，顶端长尾状渐尖或尾状渐尖，基部圆形或略呈心形，缘有不规则重锯齿。
4 叶背沿脉被长柔毛，脉间有簇毛。

摄影：1. 朱鑫鑫

【花期】4～6 月。
【果期】7～9 月。
【生境】生于山间林地。
【分布】三明市（将乐县、建宁县、泰宁县）、南平市（武夷山市、浦城县）等地。

中文名：**亮叶桦**　　拼音：liàng yè huà

拉丁名：*Betula luminifera*　　科名：桦木科 Betulaceae

属名：桦木属 *Betula*

1　雌花序单生于叶腋，下垂。
2　落叶乔木；幼枝被绒毛；叶互生，阔卵形至卵状椭圆形，羽状脉，顶端渐尖，缘具不整齐的锐尖重锯齿。
3　花单性，雌雄同株，排成葇荑花序；雄花序 2～5 个顶生。
4　幼时叶两面均被毛，叶背沿脉疏生长柔毛。

【花期】4 月。

【果期】6～8 月。

【生境】生于林缘和向阳坡地。

【分布】龙岩市（连城县）、三明市（沙县）、南平市（松溪县、政和县、武夷山市）等地。

中文名：

江南桤木

拉丁名：*Alnus trabeculosa*

拼音：jiāng nán qī mù
科名：桦木科 Betulaceae
属名：桤木属 *Alnus*

1 花单性，雌雄同株，雄花序数个聚生。
2 叶互生，倒卵形至椭圆状倒卵形，顶端急尖，缘有细锯齿。
3 落叶乔木或灌木；果序球果状，数个排成总状；小坚果扁平有翅。
4 相似分类群：桤木（*Alnus cremastog-yne*），果序单生于叶腋。

【花期】5～6 月。
【果期】7～8 月。
【生境】生于林中谷地、河岸边。
【分布】宁德市（福安市、古田县）、南平市（浦城县）、三明市（泰宁县、建宁县）、龙岩市（上杭县）等地。

中文名：**枫香树**

拉丁名：*Liquidambar formosana*

拼音：fēng xiāng shù

科名：金缕梅科 Hamamelidaceae

属名：枫香树属 *Liquidambar*

别名：枫香

1 雌花序排成头状花序，有花 25~40 朵，花柱细长。
2 果序圆球形；蒴果木质，2 瓣裂，具宿存花柱和刺针状的萼齿。
3 花单性，雌雄同株；雄花序排成短穗状花序。
4 叶互生，阔卵状三角形，掌状 3 裂，中央裂片较长，顶端尾状渐尖。
5 落叶乔木；冬季叶红落。

摄影：1~3. 朱鑫鑫

【花期】3~4 月。

【果期】8~9 月。

【生境】生于海拔 1000m 以下的次生林中，村落、庙宇附近保育林更多见。

【分布】各地常见。

中文名：**檵　木**

拉丁名：*Loropetalum chinense*

拼音：jì mù

科名：金缕梅科 Hamamelidaceae

属名：檵木属 *Loropetalum*

1　萼齿4裂，花瓣4片，白色，带状，雄蕊4，子房近下位。
2　常绿灌木或小乔木；花3～8朵排成短穗状花序。
3　蒴果木质，上部2瓣裂。
4　蒴果卵圆形；枝和叶背被棕褐色星状毛；叶互生，全缘。
5　相似分类群：红花檵木（*Loropetalum chinense* var. *rubrum*），花瓣紫红色。

【花期】3～5月。
【果期】5～10月。
【生境】生于海拔1500m以下的向阳山坡灌丛中、林缘沟谷地及溪河边。
【分布】各地常见。

中文名：**蜡瓣花**　　拼音：là bàn huā

拉丁名：*Corylopsis sinensis*　　科名：金缕梅科 Hamamelidaceae

属名：蜡瓣花属 *Corylopsis*

1 总状花序；总苞片鳞片卵圆形，每花有苞片 1，花萼、花瓣和雄蕊均 5 数，花瓣钥形，花柱 2。
2 蒴果卵圆形，被褐色星状柔毛。
3 叶背被灰褐色星状柔毛。
4 落叶灌木；叶互生，薄革质，基部斜心形，叶正面幼时被贴伏长柔毛，边缘具锯齿，齿尖刺毛状。

摄影：1、4. 张建行；2. 罗萧

【花期】3～5 月。

【果期】7～8 月。

【生境】生于海拔 700～1100m 的山地林中、林缘或沟谷溪边。

【分布】龙岩市（连城县）、三明市（宁化县、将乐县）、南平市（武夷山市、浦城县）。

中文名：**瑞　木**

拉丁名：*Corylopsis multiflora*

拼音：ruì mù

科名：金缕梅科 Hamamelidaceae

属名：蜡瓣花属 *Corylopsis*

别名：大果蜡瓣花

1　蒴果具粗壮短柄，无毛。
2　落叶灌木或小乔木；叶互生，薄革质，倒卵形或卵状椭圆形，顶端尖至渐尖，基部微心形或心形，稍偏斜，缘具尖锯齿。
3　小枝密被星状柔毛；叶背常带苍白色，被星状毛或仅脉上有毛。

【花期】3～5月。

【果期】7～8月。

【生境】生于海拔700～1100m的山地林中、林缘或沟谷溪边。

【分布】龙岩市（连城县）、三明市（宁化县、将乐县）、南平市（武夷山市、浦城县）。

中文名：杨梅叶蚊母树

拉丁名：*Distylium myricoides*

拼音：yáng méi yè wén mǔ shù

科名：金缕梅科 Hamamelidaceae

属名：蚊母树属 *Distylium*

1　总状花序；雄花在下部，萼齿常为 3，雄蕊 3～8；两性花在花序顶端。
2　蒴果卵圆形，被鳞片状星毛；花柱宿存，无宿存萼筒。
3　叶互生，革质，顶端锐尖，上部边缘具数个小齿突。
4　叶背无毛，网脉明显。
5　常绿灌木或小乔木。

【花期】4～5 月。

【果期】8～10 月。

【生境】生于向阳山坡林中、林缘沟谷地，以及村旁庙后、水源涵养林中。

【分布】莆田市、福州市（永泰县）、三明市（永安市、沙县、泰宁县）、宁德市（屏南县）、南平市（建瓯市、武夷山市）等地。

细柄蕈树

中文名：细柄蕈树
拉丁名：*Altingia gracilipes*

拼音：xì bǐng xùn shù
科名：金缕梅科 Hamamelidaceae
属名：蕈树属 *Altingia*

1　雄花排成头状花序，圆球形或圆柱形，常再多个排成总状花序。
2　果序倒圆锥形；蒴果室间开裂为 2 瓣，每瓣 2 浅裂。
3　雌花 5～6 朵排成头状花序。
4　叶柄纤细，叶卵形或卵状披针形，顶端尾状渐尖。
5　常绿乔木；叶互生，全缘或具疏齿；小枝被柔毛。

【花期】3～5 月。
【果期】5～10 月。
【生境】生于海拔 1200m 以下的沟谷林中、林缘及溪河边。
【分布】西北部各地。

中文名：**地桃花**

拉丁名：*Urena lobata*

拼音：dì táo huā

科名：锦葵科 Malvaceae

属名：梵天花属 *Urena*

别名：肖梵天花

1 花单生或 2～3 朵簇生于叶腋，花瓣粉红色，花柱枝 10。
2 直立多分枝亚灌木；小枝被星状毛。
3 小枝上部的叶长圆形或披针形；果扁球形，分果爿背面具锚状刺和星状毛。
4 叶互生，茎下部叶近圆形，通常 3～5 裂，中央裂片三角形或阔三角形。

【花果期】7～12 月。

【生境】生于海拔 800m 以下的荒坡、村旁、路边及疏林下。

【分布】各地可见。

中文名：**梵天花**　　拼音：fàn tiān huā

拉丁名：*Urena procumbens*　　科名：锦葵科 Malvaceae

属名：梵天花属 *Urena*

1　花单生或2～3朵簇生于叶腋，花瓣粉红色，雄蕊柱与花瓣等长。
2　小灌木，果近球形，分果爿5，背面具锚状刺和星状毛。
3　小枝上部的叶呈葫芦形。
4　叶互生，深裂达叶片的中部以下，中央裂片倒卵形或近菱形。

【花果期】7～12月。

【生境】生于海拔1000m以下的山坡灌丛、溪河岸边、路旁及村庄附近的空旷地。

【分布】各地可见。

中文名：**木 槿**

拉丁名：*Hibiscus syriacus*

拼音：mù jǐn
科名：锦葵科 Malvaceae
属名：木槿属 *Hibiscus*
别名：朝开暮落花

1 花瓣5，淡紫色，雄蕊多数合生成单体雄蕊柱，花柱被雄蕊柱包围。
2 蒴果卵圆形或长椭圆形，具短喙。
3 种子肾形，被黄白色长柔毛。
4 叶菱形或菱状卵圆形，3浅裂或不分裂，缘具不规则齿缺。
5 落叶灌木。

单叶互生 乔木或灌木

【花期】6～9月。
【果期】10月。
【分布】各地广为栽培（原产于东亚）。

中文名：**赛 葵**

拉丁名：*Malvastrum coromandelianum*

拼音：sài kuí

科名：锦葵科 Malvaceae

属名：赛葵属 *Malvastrum*

1 花单生于叶腋；花瓣黄色，花柱 8～15，柱头头状。
2 果为分果，扁圆形，分果爿 8～15；花萼宿存。
3 果爿肾形，背面具芒刺 2 条；枝被贴伏星状长毛。
4 亚灌木状直立草本；叶互生，缘具粗锯齿，两面被毛。

【花果期】几全年。

【生境】生于海拔 1000m 以下的山坡、空旷地及路旁。

【分布】漳州市（东山县、龙海市）、厦门市、福州市（福清市、永泰县、长乐区、连江县）等地（原产于美洲）。

中文名：**中国旌节花**

拉丁名：*Stachyurus chinensis*

拼音：zhōng guó jīng jié huā

科名：旌节花科 Stachyuraceae

属名：旌节花属 *Stachyurus*

1 穗状花序下垂或下倾，黄色至黄绿色，萼片和花瓣均为4数，雄蕊8，花柱1。
2 浆果近球形，顶端有宿存花柱。
3 叶于花后发出，互生，纸质至膜质，先端渐尖至短尾状渐尖，缘具锯齿。
4 落叶灌木。

【花期】3～4月。

【果期】5月。

【生境】生于海拔100～800m的溪流、河岸边或池塘边。

【分布】三明市（建宁县）、南平市（浦城县、邵武市、武夷山市、光泽县）等地。

中文名：**苦槛蓝**

拉丁名：*Pentacoelium bontioides*

拼音：kǔ jiàn lán

科名：苦槛蓝科 Myoporaceae

属名：苦槛蓝属 *Pentacoelium*

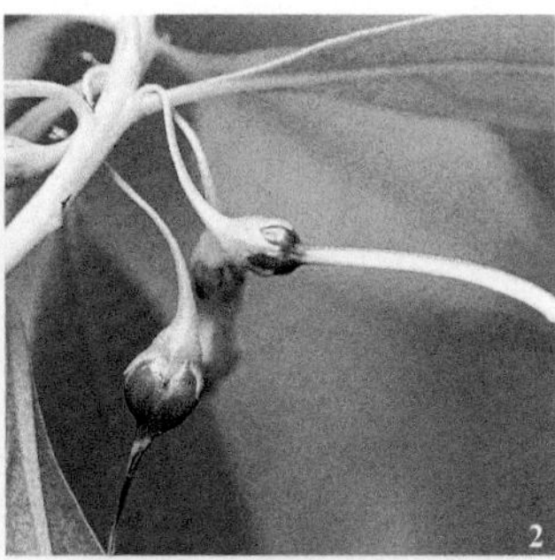

1　花1～3朵腋生，花冠5裂，紫色或略带紫色，雄蕊4，二强，花柱1。
2　核果球形；果梗长。
3　常绿灌木，叶互生，肉质，基部渐狭，全缘，两面无毛。

摄影：1～3. 朱鑫鑫

【花期】4～6月。

【果期】5～7月。

【生境】生于海边潮汐带以上的沙滩地。

【分布】漳州市（诏安县、东山县、龙海市）、厦门市、莆田市、福州市（长乐区）等地。

中文名：**蓝果树**

种　名：*Nyssa sinensis*

拼音：lán guǒ shù

科名：蓝果树科 Nyssaceae

属名：蓝果树属 *Nyssa*

1　花雌雄异株，组成伞形或短总状花序。
2　叶纸质或薄革质，互生，顶端短急锐尖，全缘；核果成熟时深蓝色，常2～4枚着生在总梗上。
3　雄花花萼和花瓣5数，雄蕊5～10，生于肉质花盘的周围。
4　落叶乔木，秋叶变红。

【花期】4月。

【果期】9月。

【生境】山谷或溪边潮湿混交林中。

【分布】南平市、三明市、龙岩市等地可见。

中文名：**喜　树**

拉丁名：*Camptotheca acuminata*

拼音：xǐ shù

科名：蓝果树科 Nyssaceae

属名：喜树属 *Camptotheca*

别名：旱莲木

1　花单性，同株，多数排成球形的头状花序，头状花序再组成圆锥花序，通常上部为雌花序，下部为雄花序。
2　落叶乔木；瘦果窄长圆形，有窄翅，着生成头状果序。
3　雄花有雄蕊 7~10，2 轮，外轮较长。
4　叶互生，卵形至椭圆形，全缘或呈波状。

【花期】5～7 月。

【果期】9 月。

【生境】常生于海拔 1000m 以下的林边或溪边。

【分布】各地可见。

中文名：**水东哥**

拉丁名：*Saurauia tristyla*

拼音：shuǐ dōng gē

科名：猕猴桃科 Actinidiaceae

属名：水东哥属 *Saurauia*

1 伞形花序簇生于枝干上；花粉红色，花瓣5数，雄蕊多数，花柱常2～3分枝。
2 叶互生，软纸质，倒卵状椭圆形或长圆形，缘具刺状小锯齿，两面被刺毛。
3 总花梗和花梗均被绒毛及刺毛，萼片5。
4 灌木或小乔木；小枝粗壮，幼时被黄锈色爪甲状鳞片。

【花期】3～7月。

【果期】8～12月。

【生境】生于低海拔的杂木林中、沟谷溪边或林缘。

【分布】漳州市（南靖县、华安县）、龙岩市（漳平市）、莆田市（仙游县）、福州市（福清市、永泰县）、宁德市等地。

中文名：**鹅掌楸**

拉丁名：*Liriodendron chinense*

拼音：é zhǎng qiū

科名：木兰科 Magnoliaceae

属名：鹅掌楸属 *Liriodendron*

别名：马褂木

1　花单生于枝顶；叶互生。
2　落叶大乔木；聚合果纺锤形，由多数小坚果组成，成熟时全部脱落。
3　花被片 9，外轮 3 片绿色，萼片状，内两轮 6 片，花瓣状，绿色，具黄色纵条纹，雄蕊多数，雌蕊多数，心皮分离。
4　叶片马褂状，近基部每边具 1 侧裂片，先端 2 浅裂，下面苍白色。
5　小坚果具翅。

摄影：1. 朱鑫鑫

【花期】4～5 月。

【果期】10 月。

【生境】生于海拔 450～1900m 的山地林中或沟谷边。

【分布】三明市（建宁县）、宁德市（柘荣县、屏南县）、南平市（武夷山市）等地。

中文名：**观光木**

拉丁名：*Michelia odora*

拼音：guān guāng mù

科名：木兰科 Magnoliaceae

属名：含笑属 *Michelia*

别名：宿轴木兰

1 花单朵腋生，花被片 9，淡紫红色，雄蕊多数，雌蕊群卵形，心皮密被绒毛。
2 聚合蓇葖果大型，蓇葖合生。
3 叶互生，革质，大型，全缘，叶背密被柔毛。
4 常绿乔木，树皮灰褐色，具深皱纹。

【花期】3～4 月。

【果期】9～10 月。

【生境】生于海拔 400m 以下的沟谷林中或山坡林缘。

【分布】漳州市（南靖县）、龙岩市（永定区）、三明市（永安市、沙县）、南平市（建瓯市、建阳区）等地。

中文名：**含笑花**

拉丁名：*Michelia figo*

拼音：hán xiào huā

科名：木兰科 Magnoliaceae

属名：含笑属 *Michelia*

1 花单朵腋生，极芳香，花被片 6，质厚，带肉质。
2 蓇葖分离，无毛，部分蓇葖不发育。
3 雌蕊多数，心皮无毛，具雌蕊群柄，雄蕊多数。
4 叶互生，倒卵形或倒卵状椭圆形，全缘。
5 灌木，分枝密。

【花期】3～5 月。

【果期】7～8 月。

【分布】各地常见栽培（原产于华南）。

中文名：**深山含笑**

拉丁名：*Michelia maudiae*

拼音：shēn shān hán xiào

科名：木兰科 Magnoliaceae

属名：含笑属 *Michelia*

别名：莫夫人玉兰

1 花白色，花被片 9。
2 叶长圆形或长圆状椭圆形，全缘，上面深绿色。
3 叶背淡绿色，被白粉。
4 常绿乔木，全株无毛；花单朵腋生。
5 芽稍被白粉。

【花期】3～4 月。

【果期】9～10 月。

【生境】生于海拔 500～1500m 的常绿阔叶林中。

【分布】大多数内陆地区。

中文名：**野含笑**

拉丁名：*Michelia skinneriana*

拼音：yě hán xiào

科名：木兰科 Magnoliaceae

属名：含笑属 *Michelia*

1　花单朵腋生，花被片 6，质稍厚。
2　蓇葖 2 瓣裂；种子红色。
3　蓇葖分离，基部有柔毛或近无毛。
4　灌木或小乔木状；叶互生，叶狭倒卵状椭圆形、狭椭圆形或倒披针形，全缘。

摄影：3. 朱鑫鑫

【花期】4～6 月。

【果期】8～10 月。

【生境】生于阴坡杂木林中，在溪谷沿岸或林缘沟谷地较多。

【分布】各地常见。

中文名：**醉香含笑**

拉丁名：*Michelia macclurei*

拼音：zuì xiāng hán xiào

科名：木兰科 Magnoliaceae

属名：含笑属 *Michelia*

别名：火力楠

1 芽、嫩枝、幼叶均被红色或锈褐色的平伏短柔毛；花单生叶腋，花被片 9。
2 聚合果短，蓇葖较小；种子红色。
3 叶背灰绿色，密被灰色短柔毛，基部楔形或宽楔形。
4 常绿乔木，树皮平滑。
5 相似分类群：金叶含笑（*Michelia foveolata*），叶背密被银灰色及锈褐色平伏绢毛，基部圆形或近心形。

【花期】3～4 月。

【果期】6～8 月。

【生境】生于海拔 500m 以下的杂木林中。

【分布】漳州市（南靖县）等地。

中文名：**木　莲**

拉丁名：*Manglietia fordiana*

拼音：mù lián

科名：木兰科 Magnoliaceae

属名：木莲属 *Manglietia*

别名：乳源木莲

1　花被片 9，白色，雄蕊多数，雌蕊群卵圆形，心皮多数。
2　聚合蓇葖果木质，顶端有小尖头，每蓇葖 3～4 粒红色种子。
3　叶互生，革质，全缘，基部楔形。
4　叶背面淡绿色，中脉在叶背脊状隆起。
5　常绿乔木；花单生于枝顶，花蕾卵圆形或近圆形。

【花期】3～5 月。

【果期】9～10 月。

【生境】生于海拔 500～1900m 的疏林中或林缘。

【分布】三明市、龙岩市（永定区、上杭县）、南平市（武夷山市）等地。

中文名：云南桤叶树

拉丁名：*Clethra delavayi*

拼音：yún nán qī yè shù
科名：桤叶树科 Clethraceae
属名：桤叶树属 *Clethra*
别名：贵定桤叶树

1　花排成总状花序，单生于枝端，稀具 1～2 分枝。
2　蒴果球形，下弯；花萼与花柱均宿存。
3　花萼和花瓣 5 数，花瓣白色或粉红色，雄蕊 10，花柱顶端 3 裂。
4　叶互生，纸质，顶端短尖或渐尖，基部楔形或近钝形，缘具锐尖的腺状锯齿。
5　落叶灌木或小乔木。

摄影：3. 罗萧

【花期】6～9 月。
【果期】9～10 月。
【生境】生于海拔 800～2000m 的山地或近山顶的密林中、林缘灌丛或空旷地。
【分布】泉州市（德化县）、福州市（永泰县）、三明市（永安市）、南平市（邵武市、建阳区、武夷山市）、宁德市（古田县、屏南县）等地。

中文名：**毛背桂樱**

拉丁名：*Laurocerasus hypotricha*

拼音：máo bèi guì yīng

科名：蔷薇科 Rosaceae

属名：桂樱属 *Laurocerasus*

1 总状花序腋生，萼片和花瓣 5 数，雄蕊多数，心皮 1。
2 叶互生，革质，椭圆形或椭圆状长圆形，先端短渐尖，基部圆或宽楔形，缘具齿，叶柄上部具 1 对腺体。
3 叶背密被灰白色柔毛。
4 常绿乔木，树干红褐色或黄褐色，树皮鳞片状脱落。

【花期】9～10 月。

【果期】11～12 月。

【生境】生于山坡疏林中、山谷、溪流旁。

【分布】福州市等地。

中文名：**火　棘**

拉丁名：*Pyracantha fortuneana*

拼音：huǒ jí

科名：蔷薇科 Rosaceae

属名：火棘属 *Pyracantha*

1　花瓣白色，5 数，雄蕊 20，心皮 5。
2　嫩枝被长毛；侧枝短，顶端成锐尖硬刺。
3　梨果小，球形，熟时红色；萼宿存。
4　萼筒钟形，萼片 5。
5　常绿灌木；复伞房花序生于侧枝顶端；叶纸质，顶端圆或微凹，缘具钝齿或近全缘。

【花期】3～4 月。
【果期】5～6 月。
【生境】生于山坡灌木丛中。
【分布】漳州市（龙海市）、福州市、南平市等地。

中文名：**枇 杷**

拉丁名：*Eriobotrya japonica*

拼音：pí pa

科名：蔷薇科 Rosaceae

属名：枇杷属 *Eriobotrya*

1 圆锥花序顶生。
2 叶革质，上面多皱；梨果肉质，熟时乳黄色至橙黄色。
3 叶缘具锯齿，叶背密生灰棕色绒毛，侧脉 11～21 对。
4 花萼密生锈色绒毛，花瓣白色，雄蕊 20，花柱 5。
5 常绿乔木。

【花期】10～12 月。

【果期】4～5 月。

【分布】各地有栽培。

中文名：**石斑木**

拉丁名：*Rhaphiolepis indica*

拼音：shí bān mù

科名：蔷薇科 Rosaceae

属名：石斑木属 *Rhaphiolepis*

1　顶生圆锥花序或总状花序，花瓣 5，雄蕊 15，花柱 2～3。
2　叶互生，薄革质，缘具细钝锯齿，成叶无毛。
3　梨果核果状，圆球形，熟时黑紫色。
4　叶背淡绿色，网脉明显。
5　常绿灌木。

【花期】3～4 月。
【果期】9 月。
【生境】生于山坡灌木丛中。
【分布】各地可见。

中文名：**石　楠**

拉丁名：*Photinia serratifolia*

拼音：shí nán

科名：蔷薇科 Rosaceae

属名：石楠属 *Photinia*

1　花瓣 5 片，白色，雄蕊常为 20，花柱常 2。
2　果柄无毛，无疣点。
3　叶革质，缘有细腺锯齿，两面无毛。
4　萌发枝上叶缘具锐尖刺状齿。
5　常绿灌木或乔木；复伞房花序顶生，直径可达 16cm，花密生。

【花期】4～5 月。

【果期】10 月。

【生境】生于山坡疏林中。

【分布】厦门市、莆田市（仙游县）、福州市（永泰县）、三明市（永安市、沙县、泰宁县）、南平市（武夷山市）等地。

中文名：桃叶石楠

拉丁名：*Photinia prunifolia*

拼音：táo yè shí nán
科名：蔷薇科 Rosaceae
属名：石楠属 *Photinia*

1 常绿乔木；叶革质，长圆形或长圆状披针形，缘密生细腺锯齿，叶柄具多数腺体，有时具锯齿。
2 叶背布满黑色腺点。
3 梨果椭圆形，果梗较短，无疣点。

【花期】3～4 月。

【果期】10～11 月。

【生境】生于山坡疏林中。

【分布】泉州市（永春县、德化县）、莆田市（仙游县）、福州市（福清市、永泰县）、龙岩市（连城县）、三明市（永安市、沙县、泰宁县）、南平市等地。

中文名：小叶石楠

拉丁名：*Photinia parvifolia*

拼音：xiǎo yè shí nán

科名：蔷薇科 Rosaceae

属名：石楠属 *Photinia*

1 花 1～9 朵成伞形花序，生于侧枝顶端。
2 花瓣 5 数，白色，雄蕊 20，花柱 2～3。
3 果梗密生疣点；叶互生，纸质，边缘具细锯齿，两面无毛。
4 落叶灌木；梨果微肉质，熟时红色，有直立宿存萼片。

【花期】4～5 月。

【果期】8 月。

【生境】生于山坡灌木丛中。

【分布】南平市、三明市等地。

中文名：**钟花樱桃**

拉丁名：*Cerasus campanulata*

拼音：zhōng huā yīng táo
科名：蔷薇科 Rosaceae
属名：樱属 *Cerasus*
别名：福建山樱花

1 2～4 朵花构成伞形花序，花先叶开放。
2 核果无毛，平滑。
3 核表面微具棱纹。
4 落叶乔木，树皮有横向皮孔；萼筒钟形，花瓣 5，粉红色，雄蕊 39～41，心皮 1。
5 叶纸质，椭圆形至倒卵状长圆形，顶端渐尖，缘具腺锯齿，叶柄顶端具 2 枚腺体。

【花期】2 月。
【果期】5 月。
【生境】生于山坡疏林中。
【分布】各地常见。

中文名：**柯**

拉丁名：*Lithocarpus glaber*

拼音：kē

科名：壳斗科 Fagaceae

属名：柯属 *Lithocarpus*

别名：石栎

1　常绿乔木，雄穗状花序多排成圆锥花序，或单个腋生。

2　叶背有灰白色厚蜡鳞层；果序轴通常被毛；壳斗碟状或浅碗状；坚果椭圆形，被白色霜粉。

3　雌花常 3 朵一簇着生于雌花序轴上。

4　叶革质或厚纸质，常全缘，或上部有 2～4 个齿。

【花期】7～11 月。

【果期】9～11 月。

【生境】生于灌丛或疏林中。

【分布】各地较常见。

中文名：**紫玉盘柯**

拉丁名：*Lithocarpus uvariifolius*

拼音：zǐ yù pán kē

科名：壳斗科 Fagaceae

属名：柯属 *Lithocarpus*

别名：紫玉盘石栎

1 常绿乔木；芽、幼枝及叶柄被黄褐色绒毛；叶互生，长圆形、狭椭圆形或倒卵状椭圆形，顶端短渐尖，全缘，有时顶部有少数浅钝齿。
2 壳斗陀螺形，除顶部外全包坚果，鳞片三角形或菱形；坚果半球形，壁厚，顶部露出的部分平坦。
3 叶背散生灰白色粉状鳞秕，并有灰黄色长柔毛，侧脉 15～23 对。
4 相似分类群：烟斗柯（*Lithocarpus corneus*），叶狭椭圆形、长圆形、披针状椭圆形或倒披针形，顶端短尾尖，基部略偏斜，缘有锯齿，侧脉 11～12 对。

【花期】5～7 月。

【果期】10～12 月。

【生境】生于海拔 200～800m 的疏林中。

【分布】漳州市（南靖县）、龙岩市（永定区、上杭县、漳平市）、三明市（永安市、沙县）、南平市等地。

中文名：**白 栎**

拉丁名：*Quercus fabri*

拼音：bái lì

科名：壳斗科 Fagaceae

属名：栎属 *Quercus*

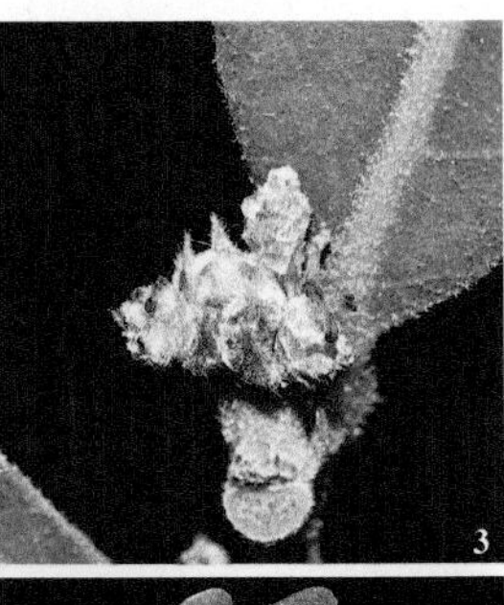

1 落叶乔木；雄花序为葇荑花序，花序轴被绒毛。
2 壳斗杯状，包着坚果约 1/3。
3 花单性，雌雄同株；雌花序具 2～4 朵花。
4 叶先端钝或短渐尖，叶缘具波状锯齿或钝锯齿。
5 叶互生，叶片倒卵形、椭圆状倒卵形。

【花期】4 月。

【果期】10 月。

【生境】生于海拔 400～1000m 的山地疏林或灌丛中。

【分布】福州市、三明市（宁化县、建宁县）、南平市（建瓯市）等地。

中文名：**乌冈栎**

拉丁名：*Quercus phillyreoides*

拼音：wū gāng lì

科名：壳斗科 Fagaceae

属名：栎属 *Quercus*

1　雄花序为下垂的葇荑花序；雌花生于壳斗内，单生或排成穗状。
2　壳斗碗状，包坚果 1/3～1/2，壳斗外被鳞片。
3　叶互生，革质，倒卵形或倒卵状椭圆形，缘有细尖锯齿。
4　叶多集生于小枝顶部。
5　常绿小乔木或灌木。

【花期】3～4 月。

【果期】9～10 月。

【生境】生于海拔 500m 以上的山顶或溪边。

【分布】龙岩市（上杭县）、莆田市（仙游县）、泉州市（德化县）、三明市（大田县、沙县、将乐县）、南平市（武夷山市、浦城县）等地。

中文名：**板 栗**

拉丁名：*Castanea mollissima*

拼音：bǎn lì

科名：壳斗科 Fagaceae

属名：栗属 *Castanea*

别名：栗

1　花序直立，穗状，雄花生于花序轴上，雌花2~3朵生于壳斗中。
2　叶背被灰白色星状短绒毛，叶缘有锯齿，齿尖刺毛状。
3　叶互生，椭圆形至椭圆状披针形；壳斗全包坚果，密被锐刺。
4　坚果一侧或两侧扁平。
5　壳斗生于雄花序基部。
6　落叶乔木。

【花期】4～6月。

【果期】8～10月。

【分布】各地均有栽培。

中文名：**多脉青冈**

拉丁名：*Cyclobalanopsis multinervis*

拼音：duō mài qīng gāng

科名：壳斗科 Fagaceae

属名：青冈属 *Cyclobalanopsis*

1 常绿乔木；叶互生，长椭圆形或椭圆状披针形，顶端突尖或渐尖，缘基部以上有细尖锯齿，仅基部全缘。
2 叶背被灰白色厚蜡粉层及贴伏毛，侧脉 11～15 对。
3 壳斗深碗状，环带 6～7 圈；坚果半球形或近球形。

【果期】10～11 月。

【生境】生于海拔 1100～1900m 的山地林中。

【分布】龙岩市（上杭县）、南平市（武夷山市）等地。

中文名：**青　冈**

拉丁名：*Cyclobalanopsis glauca*

拼音：qīng gāng

科名：壳斗科 Fagaceae

属名：青冈属 *Cyclobalanopsis*

1　雄花序为下垂的葇荑花序。
2　壳斗包围坚果 1/3，外壁小苞片连成同心环带；坚果长卵形。
3　雌花单生于壳斗内；壳斗一至多个散生花序轴上。
4　常绿乔木；叶互生，叶片革质，叶缘中部以上有疏锯齿，叶正面无毛，顶端渐尖或短尾尖。
5　叶背有整齐平伏白毛，后脱落，常有白色鳞秕。

摄影：1. 朱鑫鑫

【花期】4～5 月。

【果期】10～11 月。

【生境】生于海拔 100～1220m 的山地。

【分布】各地可见。

中文名：**水青冈**

拼音：shuǐ qīng gāng

拉丁名：*Fagus longipetiolata*

科名：壳斗科 Fagaceae

属名：水青冈属 *Fagus*

1　落叶乔木；芽狭椭圆形。
2　壳斗单生于长总梗上，壳壁小苞片线状，向上弯钩。
3　壳斗常 4 瓣裂，每壳斗通常有坚果 2。
4　叶互生，二列，卵形或卵状椭圆形，顶端渐尖，缘具锯齿。

【花期】4～5 月。

【果期】9～10 月。

【生境】生于海拔 800m 以上的阴湿山地。

【分布】宁德市（福安市、柘荣县）、南平市（武夷山市、建阳区）、三明市（沙县）、龙岩市（连城县）等地。

中文名：**钩 栲**

拉丁名：*Castanopsis tibetana*

拼音：gōu kǎo

科名：壳斗科 Fagaceae

属名：锥属 *Castanopsis*

别名：大叶锥、大叶槠

1 常绿乔木；雄花序穗状或圆锥状，较细柔。

2 壳斗有坚果1，圆球形，常整齐4瓣开裂，刺束将壳壁完全遮蔽；坚果扁圆锥形，被毛。

3 叶背红褐色（新生叶）、浅棕色或银灰色（老叶）。

4 叶互生，革质，卵状椭圆形、卵形、长圆形或倒卵状椭圆形，顶部渐尖，短突尖或尾尖，缘至少近顶部有锯齿状锐齿。

【花期】4～5月。

【果期】8～10月。

【生境】生于湿润的山地林中。

【分布】各地常见。

中文名：**红勾栲**

拉丁名：*Castanopsis lamontii*

拼音：hóng gōu kǎo

科名：壳斗科 Fagaceae

属名：锥属 *Castanopsis*

别名：狗牙锥、鹿角锥

1 常绿乔木；雄穗状花序生于当年生枝的顶部叶腋间。
2 坚果扁球形，有时一侧扁平，密被短伏毛。
3 壳斗有坚果 2～3，壳壁外被三角状钻形粗刺，排成连续或间断的 4～6 环；叶互生，厚纸质或近革质，全缘或有时在顶部有少数齿，叶背淡绿色，无毛。

【花期】3～5 月。

【果期】9～11 月。

【生境】生于海拔 300～1800m 的山地林中。

【分布】漳州市（南靖县、平和县）、龙岩市（连城县、上杭县、长汀县）、三明市（沙县、将乐县、大田县、永安市）、泉州市（德化县）、福州市（永泰县）等地。

中文名：**黧蒴锥**

拉丁名：*Castanopsis fissa*

拼音：lí shuò zhuī

科名：壳斗科 Fagaceae

属名：锥属 *Castanopsis*

别名：闽粤栲、裂斗锥

1 雄花序轴无毛，雄花花被 5～6 裂，雄蕊 10～12。
2 壳斗近全包坚果，壁薄，成熟时不规则开裂，外被三角形鳞片。
3 坚果圆球形或椭圆形，顶部四周有棕红色毛。
4 叶背幼时被灰黄色鳞秕，后变银灰色。
5 叶互生，薄革质，缘中上部有波状齿或钝锯齿。
6 常绿乔木；花单性，雌雄同株，雄花序圆锥状。

【花期】4～6 月。

【果期】10～12 月。

【生境】生于海拔 200～850m 的山坡林缘。

【分布】漳州市（南靖县、平和县）、龙岩市（连城县）、福州市（永泰县）、莆田市（仙游县）、泉州市（永春县、德化县）、三明市（大田县、永安市、沙县、尤溪县）、南平市、宁德市（福安市）等地。

中文名：**罗浮锥**

拉丁名：*Castanopsis faberi*

拼音：luó fú zhuī

科名：壳斗科 Fagaceae

属名：锥属 *Castanopsis*

别名：白柯、白锥

1 常绿乔木；雄花序单穗腋生或多穗排成圆锥花序。
2 壳斗有坚果 1～3，壳壁不规则瓣裂，刺如鹿角状分枝，刺疏或密。
3 坚果圆锥形，常一或二侧平坦，无毛，果脐在坚果底部。
4 叶互生，革质，卵形、狭长椭圆形或披针形，顶端长尖或稍有短尖，基部常一侧略偏斜，全缘或仅顶部有锯齿。
5 叶背幼时被灰黄色鳞秕，后变浅灰色或苍灰色。

【花期】4～5 月。

【果期】9～11 月。

【生境】生于海拔 800～1500m 的山地林中。

【分布】各地常见。

中文名：**南岭栲**

拉丁名：*Castanopsis fordii*

拼音：nán lǐng kǎo

科名：壳斗科 Fagaceae

属名：锥属 *Castanopsis*

别名：南岭锥、毛锥

1 雄穗状花序常多穗排成圆锥花序，花密集。
2 壳斗密聚于果序轴上，壳斗全包坚果。
3 每壳斗有一个坚果，壳斗外壁为密刺完全遮蔽，常4瓣裂；坚果密被伏毛。
4 常绿乔木，枝被褐色长绒毛；叶互生，革质，长椭圆形或长圆形，全缘。
5 叶柄粗而短，叶背被柔毛，红棕色（嫩叶）、灰棕色或灰白色（成叶）。

【花期】3～4月。
【果期】9～10月。
【生境】生于海拔1000m以下的山地林中。
【分布】各地常见。

中文名：**青钩栲**

拉丁名：*Castanopsis kawakamii*

拼音：qīng gōu kǎo

科名：壳斗科 Fagaceae

属名：锥属 *Castanopsis*

别名：吊皮锥、格式栲

1 叶互生，卵形或卵状披针形至椭圆状披针形，顶端尾状渐尖，全缘或顶部具疏齿。
2 壳斗球形，规则 4 裂，外被 2～3 回鹿角状分叉刺，具成熟坚果 1；坚果扁圆锥形，密被黄棕色绒毛。
3 小枝赤褐色，无毛；叶背淡绿色，无毛。
4 常绿乔木，树皮长片状脱落。

【花期】3～4 月。

【果期】8～10 月。

【生境】生于海拔 200～1000m 温暖潮湿的山地林中。

【分布】三明市（永安市）、泉州市（德化县）、漳州市（长泰县）、龙岩市（漳平市、武平县、永定区）等地。

中文名：丝栗栲

拉丁名：*Castanopsis fargesii*

拼音：sī lì kǎo

科名：壳斗科 Fagaceae

属名：锥属 *Castanopsis*

别名：栲树、栲

1 花单性，雌雄同株，雄花组成穗状或圆锥花序。
2 壳斗近球形，刺不分叉或2～3回鹿角状分叉，稍反曲，每壳斗1个坚果。
3 叶背密生红棕色鳞秕。
4 叶互生，狭椭圆形至椭圆状披针形，顶端渐尖，全缘或近顶端有疏齿。
5 常绿乔木，树皮浅裂。

【花期】4～6月或8～10月。

【果期】4～10月。

【生境】生于林缘或疏林中。

【分布】各地常见。

中文名：**甜槠栲**

拉丁名：*Castanopsis eyrei*

拼音：tián zhū kǎo

科名：壳斗科 Fagaceae

属名：锥属 *Castanopsis*

别名：甜槠

1　雄花穗状或圆锥花序，雄花花被 5～6 裂，雄蕊 10～12。
2　壳斗全包坚果，熟时不规则开裂，壳斗外被短刺，不分叉或中部以下分叉。
3　坚果阔圆锥形，顶部锥尖。
4　常绿乔木；叶革质，卵形、披针形或长椭圆形，常全缘，顶端尾状。

【花期】4～6 月。

【果期】9～11 月。

【生境】生于海拔 200～1500m 较干燥的林中。

【分布】各地常见。

中文名：**假烟叶树**

拉丁名：*Solanum erianthum*

拼音：jiǎ yān yè shù
科名：茄科 Solanaceae
属名：茄属 *Solanum*
别名：软毛茄

1 聚伞花序排成近顶生的圆锥状平顶花序；花冠白色，5 深裂，雄蕊 5，花药顶孔开裂，花柱 1。
2 浆果球形，熟时黄褐色，初被星状簇绒毛。
3 小乔木；叶互生，叶大而厚，卵状长圆形，密被簇绒毛，全缘或稍呈波状。

【花果期】几全年。
【生境】生于海拔 500m 以下的山坡灌丛中或屋旁路边。
【分布】沿海各地较常见。

中文名：**水　茄**

拉丁名：*Solanum torvum*

拼音：shuǐ qié

科名：茄科 Solanaceae

属名：茄属 *Solanum*

1　伞房花序腋外生，2～3 歧，花冠白色，冠檐 5 裂，雄蕊 5，子房无毛。
2　浆果圆球形，熟时黄色，无毛，花萼宿存。
3　灌木，小枝疏被皮刺；叶互生，卵形至椭圆形，边缘 5～7 裂或呈波状，两面密被星状毛。

【花果期】几全年。

【生境】生于海拔 800m 以下的山坡路旁、荒地及村前屋后。

【分布】沿海各地较常见。

中文名：**笔罗子**

拉丁名：*Meliosma rigida*

拼音：bǐ luó zi

科名：清风藤科 Sabiaceae

属名：泡花树属 *Meliosma*

1 圆锥花序顶生，密被锈色短柔毛；花瓣5，白色。
2 核果小，近球形。
3 叶常为倒披针形，顶端渐尖，边缘有疏锯齿或全缘，下面被明显的锈色柔毛。
4 常绿乔木或小乔木；老枝被污浊色短柔毛；叶互生。

【花期】3～6月。

【果期】6～11月。

【生境】生于海拔200～1000m的山坡、林中、林缘或溪边。

【分布】各地常见。

中文名：**结　香**

拉丁名：*Edgeworthia chrysantha*

拼音：jié xiāng
科名：瑞香科 Thymelaeaceae
属名：结香属 *Edgeworthia*
别名：黄瑞香、打结花

1　花两性，无花瓣，花萼筒内面无毛，黄色，顶端4裂，雄蕊8。
2　核果椭圆形，被柔毛。
3　叶互生，长圆形，披针形至倒披针形，先端短尖，基部楔形或渐狭，两面被毛，全缘。
4　落叶灌木，韧皮极坚韧；头状花序成绒球状；花萼外面密被白色硬毛。

【花期】3～4月。

【果期】7～8月。

【分布】西北部偶见栽培。

中文名：**白桂木**

拉丁名：*Artocarpus hypargyreus*

拼音：bái guì mù

科名：桑科 Moraceae

属名：波罗蜜属 *Artocarpus*

1　花单性，雌雄同株；花序单生于叶腋；雄花序倒卵形至棒形。

2　相似分类群：波罗蜜（*Artocarpus heterophyllus*），叶螺旋状排列，两面无毛，环状托叶痕明显；花序单生于老茎或枝上；聚花果大型。

3　乔木，具乳汁；叶互生，革质，全缘或有波状齿。

4　叶背灰白色，密被灰白色短柔毛；托叶早落，无环状托叶痕。

【花期】5～8 月。

【果期】8～9 月。

【生境】生于山地路旁、林缘或疏林中。

【分布】漳州市（南靖县、平和县、华安县）、龙岩市（漳平市、连城县）、泉州市（德化县）、三明市（永安市）、福州市（永泰县、福清市）、莆田市（仙游县）等地。

中文名：**楮**

拉丁名：*Broussonetia kazinoki*

拼音：chǔ

科名：桑科 Moraceae

属名：构属 *Broussonetia*

别名：小构树

1 花雌雄同株；雌花序头状；花柱线形，暗红色。

2 雄花序球形头状；花被和雄蕊常 4 数或 3 数。

3 聚花果球形，肉质，成熟时红色。

4 灌木，枝斜上而延伸，不呈蔓性；叶互生，卵形或阔卵形，顶端渐尖，缘具粗齿或不规则的 2～5 裂。

摄影：1、2. 朱鑫鑫

【花期】3～4 月。

【果期】5～6 月。

【生境】生于山坡路旁。

【分布】泉州市（德化县）、南平市、宁德市（古田县）等地。

中文名：**构　树**

拉丁名：*Broussonetia papyrifera*

拼音：gòu shù

科名：桑科 Moraceae

属名：构属 *Broussonetia*

别名：楮树

1　雌雄异株；雌花序头状；雌花花柱线形。
2　雄花序为葇荑花序。
3　聚花果，球形，肉质，熟时橙红色。
4　雄花花被常 4 裂，雄蕊 4。
5　乔木；叶正面被糙伏毛。
6　叶互生，具三出脉，不裂或 3～5 裂，下面密被柔毛。

【花期】4～7 月。

【果期】7～9 月。

【生境】生于山坡或村旁。

【分布】各地常见。

中文名：**矮小天仙果**

拉丁名：*Ficus erecta*

拼音：ǎi xiǎo tiān xiān guǒ

科名：桑科 Moraceae

属名：榕属 *Ficus*

1 花序具总梗，花序托外被毛，顶部具脐状突起。
2 瘦果小，骨质。
3 具乳汁；雌花生于隐头花序内壁。
4 灌木或小乔木。
5 叶倒卵形、椭圆状倒卵形或菱状长圆形，两面被毛，全缘，先端渐尖，呈尾状。

【花果期】5～6 月。

【生境】生于山地、山谷、沟边或林下。

【分布】各地较常见。

中文名：**变叶榕**

拉丁名：*Ficus variolosa*

拼音：biàn yè róng

科名：桑科 Moraceae

属名：榕属 *Ficus*

1　小枝节上有环状突起的托叶痕；总花梗长。

2　具乳汁；隐头花序；雄花和瘿花生于同一花序托中，雄花散生于花序托内壁。

3　灌木或小乔木，无毛；叶互生，薄革质，全缘而反卷。

4　相似分类群：琴叶榕（*Ficus pandurata*），小枝被粗毛；叶互生，纸质，叶提琴形。

【花果期】3～11 月。

【生境】生于旷野、山地、灌丛或疏林中。

【分布】各地常见。

中文名：**粗叶榕**

拉丁名：*Ficus hirta*

拼音：cū yè róng

科名：桑科 Moraceae

属名：榕属 *Ficus*

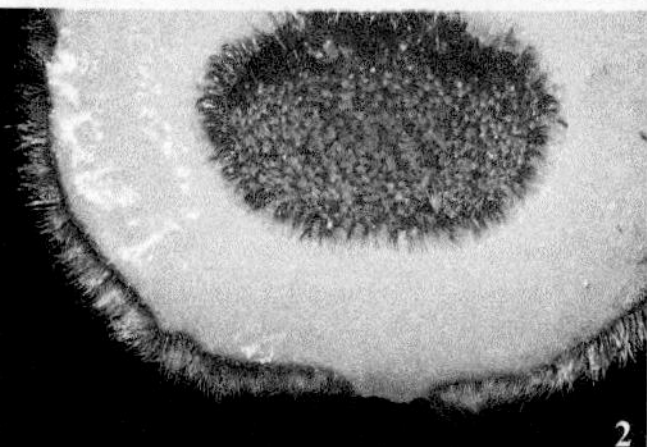

1 隐头花序，无总花梗；花序托被锈色或金黄色开展的长硬毛。
2 具乳汁；雌花花被片 4，花柱斜生。
3 叶互生，边缘有锯齿，不裂或 3～5 裂。
4 灌木或小乔木；幼枝中空。

【花果期】3～11 月。

【生境】生于旷野、山地林缘、灌丛或疏林中。

【分布】各地常见。

中文名：**榕 树**

拉丁名：*Ficus microcarpa*

拼音：róng shù
科名：桑科 Moraceae
属名：榕属 *Ficus*

1 隐头花序，无总花梗，花序托单生或成对腋生，扁球形；叶全缘，无毛。
2 常绿大乔木；有锈褐色气生根。
3 相似分类群：雅榕（*Ficus concinna*），常绿乔木，无气生根。

【花果期】4～11 月。

【生境】生于海拔 1900m 以下的山坡、平原。

【分布】漳州市（南靖县、龙海市）、厦门市、泉州市、莆田市、福州市（连江县）。

中文名：**台湾榕**

拉丁名：*Ficus formosana*

拼音：tái wān róng

科名：桑科 Moraceae

属名：榕属 *Ficus*

别名：长叶牛奶树

1 花序托具短梗，外面有小瘤状突起，花序托基部收缩为短柄。
2 榕果卵球形，熟时紫黑色。
3 叶互生，顶端渐尖至尾尖，全缘或呈浅波状或上部有不规则齿。
4 灌木；枝纤细。

【花果期】3～12 月。

【生境】生于林缘、山地路旁或疏林中。

【分布】各地常见。

中文名：**异叶榕**

拉丁名：*Ficus heteromorpha*

拼音：yì yè róng

科名：桑科 Moraceae

属名：榕属 *Ficus*

别名：异叶天仙果

1 有乳汁，具环状托叶痕；花序托无毛，单生或成对着生于当年生枝条上部。

2 小枝常被黏质毛；隐头花序，无总花梗。

3 叶互生，基生三出脉，全缘或有时具少数疏锯齿。

4 灌木或小乔木；叶柄长 1~8cm。

【花果期】4～10 月。

【生境】生于林中、溪谷边、路旁或灌丛中。

【分布】南平市（建瓯市、建阳区、浦城县、武夷山市）、三明市（沙县、大田县、泰宁县）、宁德市（古田县）。

中文名：**桑**

拉丁名：*Morus alba*

拼音：sāng

科名：桑科 Moraceae

属名：桑属 *Morus*

别名：桑树

1 花单性，雌雄异株，排成葇荑花序；雄花花被片 4，雄蕊 4。

2 聚花果熟时红色、暗红色，少有白色；宿存花柱短或无。

3 落叶灌木或小乔木，具乳汁；叶互生，纸质，卵形或阔卵形，缘有粗锯齿或有时为不规则的分离。

4 相似分类群：鸡桑（*Morus australis*），聚花果熟时暗紫色，宿存花柱长。

【花期】3～4 月。

【果期】4～5 月。

【分布】各地均有栽培。

中文名：**构棘**

拉丁名：*Maclura cochinchinensis*

拼音：gòu jí

科名：桑科 Moraceae

属名：柘属 *Maclura*

别名：葨［wēi］芝

1　枝有粗壮、锐利、直或略弯的刺；叶互生，椭圆形、长椭圆形、狭倒卵形或倒卵状披针形，全缘，不分裂。
2　聚花果球形，肉质。
3　直立或攀缘状灌木；花雌雄异株，排成腋生的圆球形头状花序。
4　相似分类群：柘（*Maclura tricuspidata*），叶卵形、阔卵形或倒卵形，全缘或有时 3 裂。

【花期】4～7 月。

【果期】6～12 月。

【生境】生于旷野、山地路旁、灌丛或疏林中。

【分布】南平市等地。

中文名：**大果核果茶**

拉丁名：*Pyrenaria spectabilis*

拼音：dà guǒ hé guǒ chá
科名：山茶科 Theaceae
属名：核果茶属 *Pyrenaria*
别名：石笔木、短果石笔木

1 花大，单朵顶生，淡黄色，花瓣 5，雄蕊多数，花柱顶端 3～5 裂。
2 常绿乔木或小乔木；蒴果球形，有时略呈扁球形，密被金黄色柔毛。
3 叶背淡绿色，无毛，叶柄粗壮，无毛。
4 叶互生，厚革质，椭圆形或披针状椭圆形，顶端长渐尖或有时呈短尾状，边缘有浅粗锯齿，基部全缘，上面无毛。

【花期】5～6 月。
【果期】8～10 月。
【生境】生于海拔 300～1200m 的山地林缘路旁、沟谷地或溪河边。
【分布】龙岩市（上杭县、永定区）、漳州市（南靖县）等地。

中文名：**厚皮香**

拉丁名：*Ternstroemia gymnanthera*

拼音：hòu pí xiāng

科名：山茶科 Theaceae

属名：厚皮香属 *Ternstroemia*

1 花两性，淡黄白色，生无叶枝上或叶腋。
2 果为浆果状；种子具红色假种皮。
3 苞片 2，花萼 5，边缘疏生线状齿。
4 叶聚生枝顶，呈假轮生状，革质，常全缘。
5 叶先端渐尖或突然缩窄成短尖；叶背淡绿色，无毛。

【花期】5～7 月。

【果期】8～10 月。

【生境】生于海拔 1500m 以下的山地林中、林缘路边或山顶疏林中，有时生于荒山荒地灌丛中。

【分布】各地常见。

中文名：**格药柃**

拉丁名：*Eurya muricata*

拼音：gé yào líng

科名：山茶科 Theaceae

属名：柃木属 *Eurya*

1　花单性，雌雄异株，1～5 朵腋生；雄花花萼和花瓣均为 5 数，花瓣白色，雄蕊 15～22。
2　果实浆果状，圆球形，成熟时紫黑色，无毛。
3　小枝圆柱形，无毛。
4　灌木或小乔木，全株无毛；叶互生，革质或厚革质，长圆状椭圆形或椭圆形，顶端渐尖，缘具钝锯齿，两面无毛。

【花期】9～11 月。

【果期】6～8 月。

【生境】生于海拔 350～1300m 的山地林中、林缘或路旁灌丛中。

【分布】各地较常见。

细齿叶柃

中文名：细齿叶柃
拉丁名：*Eurya nitida*

拼音：xì chǐ yè líng
科名：山茶科 Theaceae
属名：柃木属 *Eurya*

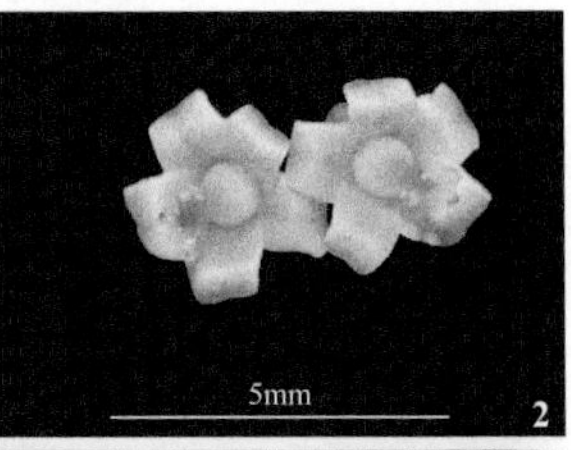

1　雄花花瓣 5，淡黄绿色，雄蕊 14～17。
2　雌花花瓣 5，淡黄绿色，子房无毛，花柱细长，顶端 3 裂。
3　小枝具 2 棱；浆果圆球形，熟时蓝黑色。
4　叶薄革质，长圆状椭圆形或倒卵状椭圆形，顶端渐尖或短渐尖，基部楔形，缘具齿，两面无毛。
5　灌木或小乔木，无毛；叶互生；花单性异株，常 1～4 朵腋生。

【花期】11～12 月。
【果期】7～9 月。
【生境】生于海拔 1500m 以下的山地林中、林缘或山坡路旁灌丛中。
【分布】各地常见。

中文名：细枝柃
拉丁名：*Eurya loquaiana*

拼音：xì zhī líng
科名：山茶科 Theaceae
属名：柃木属 *Eurya*

1 雄花具雄蕊 10～15。
2 花单性，花 1～4 朵腋生，白色；雌花花柱长，顶端 3 裂。
3 果实浆果状，球形，成熟时黑色，无毛。
4 灌木或小乔木；枝无棱，密被微毛；叶互生，先端长渐尖，缘具细齿。

【花期】10～12 月。
【果期】7～9 月。
【生境】生于海拔 200～1500m 的山地、沟谷的林中或林缘，有时也见于阴湿的路旁灌丛中。
【分布】各地常见。

中文名：**岩 柃**

拉丁名：*Eurya saxicola*

拼音：yán líng

科名：山茶科 Theaceae

属名：柃木属 *Eurya*

1 嫩枝具 2 棱，中脉在下面凹下。
2 灌木，全株无毛；叶互生，革质，倒卵形，疏具齿。
3 叶或为长圆状倒卵形至倒披针形。
4 浆果圆球形，成熟时紫黑色。

单叶互生 乔木或灌木

【花期】2～4 月。

【果期】7～9 月。

【生境】生于海拔 1500～2100m 的近山顶悬崖陡壁、山顶密林中或林缘灌丛。

【分布】泉州市（德化县）、南平市（建阳区、武夷山市）等地。

中文名：**窄基红褐柃**

拼音：zhǎi jī hóng hè líng

拉丁名：*Eurya rubiginosa* var. *attenuata*

科名：山茶科 Theaceae

属名：柃木属 *Eurya*

1 花单性，花 1～5 朵簇生叶腋，雄花花萼和花瓣 5 数，花瓣白色，雄蕊约 15。
2 果实球形或卵圆形，成熟时紫黑色；花柱宿存，仅顶端 3 裂。
3 嫩枝具 2 棱，无毛；花萼革质，干后褐色。
4 灌木；叶互生，革质，缘密生细锯齿，侧脉 13～15 对，两面隆起。

【花期】10～11 月。

【果期】5～8 月。

【生境】生于海拔 1200m 以下的山地林中、林缘，也多见于山坡路旁或沟谷边灌丛中。

【分布】各地常见。

中文名：**木　荷**

拉丁名：*Schima superba*

拼音：mù hé

科名：山茶科 Theaceae

属名：木荷属 *Schima*

1　花单生于叶腋或排成顶生的短总状花序。
2　蒴果扁球形，成熟时5瓣裂。
3　花白色，花瓣和萼片5数，雄蕊多数。
4　种子扁平且薄，周围有翅。
5　常绿乔木；叶革质，互生，两面无毛，缘具疏钝锯齿。

【花期】3～7月。

【果期】9～10月。

【生境】生于海拔2100m以下的山坡灌丛或疏林、密林中。

【分布】各地常见。

中文名：**茶**
拉丁名：*Camellia sinensis*

拼音：chá
科名：山茶科 Theaceae
属名：山茶属 *Camellia*

1 花白色，直径2.5～4cm。
2 蒴果球形或扁球形的三瓣状。
3 雄蕊多数，子房初时被白柔毛。
4 叶互生，薄革质，边缘具细锯齿。
5 灌木或小乔木。

【花期】10～12月。
【果期】5～8月。
【分布】各地均有栽培。

中文名：

东南山茶

拉丁名：*Camellia edithae*

拼音：dōng nán shān chá
科名：山茶科 Theaceae
属名：山茶属 *Camellia*
别名：尖萼红山茶

1　花红色，常 1～2 朵生枝顶，无柄。
2　嫩枝密被长柔毛；叶顶端渐尖至尾状，边缘具细锯齿。
3　花瓣 5～6 片，花瓣顶端凹陷呈深心形。
4　常绿灌木。

【花期】3～4 月。

【果期】9～10 月。

【生境】生于海拔 200～1000m 的沟谷林中或林下路边阴湿地。

【分布】龙岩市（上杭县、连城县）、三明市（永安市、沙县）、南平市（建瓯市、武夷山市、松溪县、浦城县）等地。

中文名：**红皮糙果茶**

拉丁名：*Camellia crapnelliana*

拼音：hóng pí cāo guǒ chá

科名：山茶科 Theaceae

属名：山茶属 *Camellia*

别名：八瓣糙果茶

1　花大，花瓣常5～8片，白色，雄蕊多数，花柱3～5，离生。
2　蒴果圆球形，褐色或黄褐色，粗糙，被鳞秕，果瓣厚。
3　叶背灰绿色，无毛。
4　小乔木；叶互生，厚革质，顶端渐尖，基部楔形，缘有细锯齿，正面无毛。

【花期】12月至次年1月。

【果期】9～10月。

【生境】生于海拔300～800m的山坡林缘或疏林中，或林中沟谷地。

【分布】龙岩市（上杭县）、泉州市（德化县）、三明市（永安市、沙县、泰宁县）、宁德市（古田县、屏南县）、南平市（建瓯市、武夷山市、浦城县、松溪县）等地。

中文名：**连蕊茶**

拉丁名：*Camellia cuspidata*

拼音：lián ruǐ chá

科名：山茶科 Theaceae

属名：山茶属 *Camellia*

别名：尖叶山茶

1　花 1～2 朵顶生或近顶腋生，花萼卵圆形或近圆形，花瓣白色。
2　灌木，叶互生，顶端长渐尖，蒴果，仅 1 室发育，萼片宿存。
3　雄蕊多数，外轮花丝基部合生成短管。
4　小枝无毛；叶背淡绿色，无毛。

【花期】3～4 月。

【果期】8～9 月。

【生境】生于海拔 300～1500m 的山坡灌丛或林缘沟谷边。

【分布】福州市（闽清县）、宁德市（屏南县）、三明市（永安市、泰宁县）、南平市（武夷山市、浦城县、建瓯市、建阳区）等地。

中文名：**油 茶**

拉丁名：*Camellia oleifera*

拼音：yóu chá

科名：山茶科 Theaceae

属名：山茶属 *Camellia*

1 花大，白色，直径 4～6cm；叶革质。
2 子房密被白色丝毛。
3 蒴果球形，平滑。
4 嫩枝被柔毛；叶互生。
5 灌木或小乔木。

【花期】9～11 月。

【果期】7～9 月。

【分布】各地均有栽培。

中文名：

浙江山茶

拼音：zhè jiāng shān chá
科名：山茶科 Theaceae
属名：山茶属 *Camellia*
别名：浙江红山茶、红花油茶

拉丁名：*Camellia chekiangoleosa*

1　花瓣 5～7，鲜红色，倒卵形，顶端 2 裂，雄蕊多数，子房无毛。
2　蒴果卵圆球形，绿色或黄绿色，平滑，有光泽，无毛。
3　枝无毛；叶互生，厚革质，长圆形或椭圆形，顶端钝渐尖至尾状渐尖，缘中部以上具齿，两面无毛。
4　常绿灌木或小乔木。

【花期】10～12 月。

【果期】8～10 月。

【生境】生于海拔 800～1800m 的山地林中、沟谷地水边或疏林中。

【分布】南平市（建瓯市、邵武市、建阳区、光泽县、武夷山市、浦城县）、三明市（泰宁县）、宁德市（古田县、屏南县、寿宁县、柘荣县）等地。

中文名：**杨　桐**

拉丁名：*Adinandra millettii*

拼音：yáng tóng
科名：山茶科 Theaceae
属名：杨桐属 *Adinandra*
别名：黄瑞木

1　叶背初时疏被平贴短柔毛；花腋生，白色，花梗纤细。
2　花药被毛，子房被短柔毛。
3　叶革质，互生，全缘或上半部疏生细齿。
4　浆果圆球形，成熟时黑色；花萼宿存被短毛或近无毛，花柱宿存。
5　相似分类群：大萼杨桐（*Adinandra glischroloma* var. *macrosepala*），枝条、叶片、花萼和果均被长刚毛。

【花期】5～7月。
【果期】8～10月。
【生境】生于海拔1500m以下的山地路旁灌丛或山地阳坡沟谷疏林中。
【分布】各地常见。

中文名：**白　檀**

拉丁名：*Symplocos paniculata*

拼音：bái tán

科名：山矾科 Symplocaceae

属名：山矾属 *Symplocos*

别名：华山矾

1　花冠白色，5 深裂。
2　落叶灌木或小乔木；花排成顶生或腋生的开展圆锥花序。
3　果成熟时蓝黑色。
4　花萼裂片半圆形或卵形。
5　叶互生，叶缘具细尖锯齿。

【花期】4～6 月。

【果期】9～11 月。

【生境】生于山坡疏林或沟谷、路旁、林缘灌丛中。

【分布】各地常见。

中文名：**光亮山矾**

拉丁名：*Symplocos lucida*

拼音：guāng liàng shān fán

科名：山矾科 Symplocaceae

属名：山矾属 *Symplocos*

别名：四川山矾、棱角山矾

1 花排成穗状或呈团伞状。
2 核果卵圆形或长圆形。
3 嫩枝有棱，无毛。
4 灌木或小乔木；叶互生，革质，长圆形或狭椭圆形，边缘有尖锯齿。

【花期】3～12 月。

【果期】5～12 月。

【生境】生于海拔 150～800m 的山地灌丛或山坡林缘岩隙间或疏林地。

【分布】各地较常见。

中文名：**光叶山矾**

拉丁名：*Symplocos lancifolia*

拼音：guāng yè shān fán

科名：山矾科 Symplocaceae

属名：山矾属 *Symplocos*

1 花排成腋生的穗状花序。
2 核果卵球形。
3 灌木或小乔木；枝被黄褐色柔毛；叶缘具浅锯齿。
4 叶顶端尾状渐尖。

【花期】3～11 月。

【果期】6～12 月。

【生境】生于海拔 800～1400m 的山地或沟谷林中、林缘阴湿地、溪河边灌丛中。

【分布】各地常见。

中文名：**老鼠矢**

拉丁名：*Symplocos stellaris*

拼音：lǎo shǔ shǐ

科名：山矾科 Symplocaceae

属名：山矾属 *Symplocos*

1 花排成团伞花序，着生于无叶的小枝上。
2 核果狭卵状圆柱形。
3 小乔木；嫩枝被红褐色绒毛；叶互生，厚革质，披针状椭圆形或狭长圆形，两面无毛。

【花期】4～5 月。

【果期】6～9 月。

【生境】生于海拔 1200m 以下的山坡林缘、林中或林缘路边，也常见于疏林中。

【分布】各地常见。

密花山矾

中文名：密花山矾

拉丁名：*Symplocos congesta*

拼音：mì huā shān fán

科名：山矾科 Symplocaceae

属名：山矾属 *Symplocos*

1 花冠白色，5 深裂。

2 核果圆柱形，成熟时蓝紫色。

3 常绿乔木或灌木；花排成团伞花序，腋生或生于无叶的小枝上。

4 叶通常全缘，稀有疏生细尖锯齿。

【花期】8～11 月。

【果期】1～2 月。

【生境】生于海拔 1500m 以上的山地林中、沟谷地林中或林缘。

【分布】各地常见。

中文名：**南岭山矾**

拉丁名：*Symplocos pendula* var. *hirtistylis*

拼音：nán lǐng shān fán

科名：山矾科 Symplocaceae

属名：山矾属 *Symplocos*

1　花冠白色，5 深裂，雄蕊多数，花丝粗扁，花柱粗壮。
2　核果，花萼宿存；花萼裂片顶端具浅圆齿。
3　叶近革质，全缘或具疏圆齿。
4　乔木或小乔木；花排成腋生总状花序。

【花期】6～8 月。

【果期】9～11 月。

【生境】生于海拔 300～1900m 的山地或沟谷林中、溪旁、路旁、林缘或石岩隙间林地。

【分布】龙岩市（漳平市）、三明市（宁化县）、莆田市（仙游县）、泉州市（德化县）、福州市、南平市（建阳区、武夷山市）等地。

中文名：**山　矾**

拉丁名：*Symplocos sumuntia*

拼音：shān fán

科名：山矾科 Symplocaceae

属名：山矾属 *Symplocos*

1　花排成腋生总状花序。
2　核果卵状坛形。
3　灌木或小乔木。
4　叶缘具浅锯齿，有时近全缘。
5　花序轴被短柔毛。

【花期】2～3月。

【果期】6～7月。

【生境】生于海拔2000m以下的山坡林缘或山地林缘路边，也见于疏林中。

【分布】各地常见。

中文名：**肉实树**

拉丁名：*Sarcosperma laurinum*

拼音：ròu shí shù

科名：山榄科 Sapotaceae

属名：肉实树属 *Sarcosperma*

1　两性花排成腋生的圆锥或总状花序，花萼、花瓣和能育雄蕊 5 数，花柱粗短。
2　核果长圆形或椭圆形，由绿色至红色至紫红色转黑色。
3　每果含种子 1 粒，椭圆形。
4　植株具乳汁。
5　叶顶端短渐尖，两面无毛，下面淡绿色。
6　乔木或小乔木；叶互生，薄革质，倒卵状披针形或倒卵状椭圆形，全缘。

【花期】8～11 月。

【果期】12 月至次年 5 月。

【生境】生于海拔 500～800m 的沟谷、林中或林缘。

【分布】福州市（永泰县、福清市）、漳州市（南靖县、平和县、长泰县）、莆田市（仙游县）、宁德市等地。

中文名：**小果山龙眼**

拉丁名：*Helicia cochinchinensis*

拼音：xiǎo guǒ shān lóng yǎn

科名：山龙眼科 Proteaceae

属名：山龙眼属 *Helicia*

别名：红叶树、越南山龙眼

1 花排成腋生总状花序，花萼和雄蕊均为 4 数，无花瓣，花柱细长。
2 坚果椭圆状球形或长圆状球形，成熟后蓝黑色。
3 乔木或灌木状；幼树或萌蘖枝上叶缘具锯齿。
4 叶互生，全缘或上半部叶缘具疏齿。
5 叶形和叶缘变异幅度大。

【花期】6～10 月。

【果期】11 月至次年 3 月。

【生境】生于林中或林缘。

【分布】各地常见。

中文名：青荚叶
拉丁名：*Helwingia japonica*

拼音：qīng jiá yè
科名：山茱萸科 Cornaceae
属名：青荚叶属 *Helwingia*

1 花单性，雌雄异株；雌花1～3朵着生于叶上面中脉下半部位，花瓣3～5片，柱头3～5裂。
2 雄花4～12朵呈伞形或密伞花序，着生于叶上面中脉下半部位，花瓣和雄蕊均为3～5数。
3 落叶灌木；幼枝绿色；叶互生，纸质，常为卵形或卵圆形，先端渐尖，缘具刺状细锯齿；浆果状核果近球形。

【花期】4～5月。
【果期】8～10月。
【生境】生于山坡密林下阴湿处或灌木丛中。
【分布】三明市（建宁县）、南平市（武夷山市）。

中文名：**灯台树**

拉丁名：*Cornus controversa*

拼音：dēng tái shù

科名：山茱萸科 Cornaceae

属名：山茱萸属 *Cornus*

1 伞房状聚伞花序，顶生；花小，白色，花萼裂片、花瓣和雄蕊均为4数，花柱1。
2 核果球形，成熟时紫红色至蓝黑色。
3 落叶乔木；枝开展；叶互生，纸质，阔卵形、阔椭圆状卵形或披针状椭圆形，先端突尖，全缘，侧脉弓形内弯。

【花期】5～6月。

【果期】7～9月。

【生境】生于疏林中。

【分布】南平市、三明市习见。

中文名：**罗浮柿**

拉丁名：*Diospyros morrisiana*

拼音：luó fú shì

科名：柿树科 Ebenaceae

属名：柿树属 *Diospyros*

1 雄花花冠先端 4 裂，反曲，雄蕊 16～20。
2 常绿灌木或小乔木；果浅黄色，宿萼 4 浅裂。
3 花单性；雄花 2～3 朵组成短小聚伞花序，花萼被毛，花冠近壶形。
4 叶互生，革质，长圆形或卵状披针形，叶背沿中脉有柔毛，全缘。

【花期】5～6 月。

【果期】11 月。

【生境】生于海拔 1500m 以下的山地常绿阔叶林或灌丛中。

【分布】各地常见。

中文名：**柿**

拉丁名：*Diospyros kaki*

拼音：shì

科名：柿树科 Ebenaceae

属名：柿树属 *Diospyros*

1 花单性，雌雄异株或同株；雄花序小，2～5朵组成聚伞花序，花萼4深裂，花冠坛状，4裂，雄蕊16～24。

2 雌花常单生叶腋，退化雄蕊8，花柱自基部分离。

3 果卵球形或扁球形，果皮薄，成熟时橙黄色或深红色，宿萼大。

4 落叶大乔木，树皮鳞片状开裂。

5 叶互生，纸质或革质，全缘，下面疏被污黄色短柔毛。

【花期】4～6月。

【果期】7～11月。

【分布】大部分地区都有栽培。

中文名：**马甲子**

拉丁名：*Paliurus ramosissimus*

拼音：mǎ jiǎ zi

科名：鼠李科 Rhamnaceae

属名：马甲子属 *Paliurus*

别名：铜钱树

1 花排成腋生的聚伞花序；花萼裂片、花瓣和雄蕊均为5数，花瓣匙形，花盘圆形。
2 叶互生，纸质，卵圆形、卵状椭圆形或近圆形，缘具细钝齿，基生三出脉。
3 核果盘状，密被黄褐色短柔毛，周围具木栓质3浅裂的窄翅。
4 落叶多分枝灌木；枝密被黄褐色短柔毛，有刺，刺对生。

摄影：1～3．朱鑫鑫

【花期】5～8月。

【果期】9～10月。

【生境】生于海拔1000m以下的山地或平原，常见种植于路旁、池边。

【分布】漳州市（南靖县）、龙岩市（连城县）、莆田市（仙游县）、三明市（永安市）、南平市（建阳区）、福州市（长乐区）。

中文名：**长叶冻绿**

拉丁名：*Rhamnus crenata*

拼音：cháng yè dòng lǜ

科名：鼠李科 Rhamnaceae

属名：鼠李属 *Rhamnus*

1 花两性，淡绿色，5 基数，花瓣抱持雄蕊。
2 花排成腋生聚伞花序。
3 核果球形或倒卵球形，成熟时暗红色或黑色。
4 落叶灌木或小乔木，无枝刺；叶互生。
5 叶纸质，边缘有细锯齿，叶背密生短柔毛。

【花期】5～8 月。

【果期】8～10 月。

【生境】生于海拔 2000m 以下的山地疏林中、林缘、灌丛或山顶草丛中。

【分布】各地常见。

中文名：**光叶毛果枳椇**

拉丁名：*Hovenia trichocarpa* var. *robusta*

拼音：guāng yè máo guǒ zhǐ jǔ

科名：鼠李科 Rhamnaceae

属名：枳椇属 *Hovenia*

1 两性花排成顶生或腋生的二歧式聚伞花序；叶互生。
2 落叶大乔木。
3 浆果状核果球形或倒卵状球形，被毛；果序轴膨大。
4 花黄绿色，花萼被短毛，花瓣卵状匙形，花盘密被长柔毛，花柱 3 深裂。
5 叶厚纸质，边缘具圆齿状锯齿或钝锯齿，背面通常无毛。

【花期】5～6 月。

【果期】8～10 月。

【生境】生于海拔 600～1000m 的山地密林中或林缘。

【分布】南平市（建阳区、武夷山市、浦城县）。

中文名：**枳 椇**

拉丁名：*Hovenia acerba*

拼音：zhī jǔ

科名：鼠李科 Rhamnaceae

属名：枳椇属 *Hovenia*

别名：拐枣、鸡爪子

1 两性花排成顶生或腋生的二歧聚伞圆锥花序。花黄绿色，花萼、花瓣和雄蕊均为5数，萼片无毛，花瓣椭圆状匙形，花柱3裂。
2 果序轴明显膨大，肉质，扭曲，红褐色；浆果状核果近球形。
3 每果具种子3粒，扁圆球形，暗褐色。
4 落叶乔木；叶互生，厚纸质，宽卵形、椭圆状卵形或心形，缘具浅钝的细锯齿，稀近全缘。
5 叶背淡绿色，沿脉或脉腋被毛或无毛。

摄影：1、4、5. 朱鑫鑫

【花期】5～7月。

【果期】8～10月。

【生境】生于向阳山坡疏林中或林缘、山谷、沟谷边、路旁。

【分布】各地常见。

中文名：**寄生藤**

拉丁名：*Dendrotrophe varians*

拼音：jì shēng téng

科名：檀香科 Santalaceae

属名：寄生藤属 *Dendrotrophe*

1 核果卵形，熟时黄褐色至红褐色，顶端有宿存花被。
2 直立或藤状灌木，常寄生于其他植物的地下茎或根上；叶互生，倒卵形，全缘，基生脉 3 条，弧形。
3 叶背无毛，叶片基部渐狭而下延。

【花期】1～3 月。

【果期】6～8 月。

【生境】生于海拔 100～300m 的林中。

【分布】沿海及低山地带可见。

中文名：**青皮木**

拉丁名：*Schoepfia jasminodora*

拼音：qīng pí mù

科名：铁青树科 Olacaceae

属名：青皮木属 *Schoepfia*

1 花两性，白色或淡黄绿色，排成腋生的聚伞状总状花序，花冠钟形，4～5裂，雄蕊与花冠裂片同数，柱头3裂。

2 核果椭圆形，成熟时紫黑色。

3 小乔木，树皮光滑；叶互生，纸质，卵形或卵状披针形，全缘，两面无毛。

【花期】3～5月。

【果期】4～6月。

【生境】生于疏林中。

【分布】三明市（泰宁县）、南平市（浦城县）等地。

中文名：**车桑子**

拉丁名：*Dodonaea viscosa*

拼音：chē sāng zi

科名：无患子科 Sapindaceae

属名：车桑子属 *Dodonaea*

1 蒴果果瓣侧扁，室背延伸为半月形的扩展的纵翅。
2 单叶互生，叶条状披针形至长圆状倒披针形。
3 花雌雄异株；雄花萼片 4，雄蕊常 7～8。
4 雌花具 4 枚花萼，无花瓣，子房常具 2 或 3 棱角。
5 灌木或小乔木。

【花期】夏季至秋末。

【果期】秋初至冬末。

【生境】常生于干旱的山坡上及海边砂土。

【分布】沿海及低山地带常见。

中文名：翻白叶树

拉丁名：*Pterospermum heterophyllum*

拼音：fān bái yè shù
科名：梧桐科 Sterculiaceae
属名：翅子树属 *Pterospermum*
科名：异叶翅子木

1　花两性，青白色，花萼和花瓣均为5数。
2　蒴果木质，长圆状卵形。
3　种子具膜质翅。
4　叶互生，二型，生于幼枝或萌蘖枝上的叶大，盾形，掌状3～5裂。
5　生于成长树上的叶长圆形或卵状长圆形，叶背均被黄褐色短柔毛。
6　乔木；花单生或2～4朵排成腋生的聚伞花序。

【花期】7～9月。

【果期】8～11月。

【生境】生于海拔500m以下的山地林中、山坡林缘、路旁及沟谷地。

【分布】漳州市（南靖县、华安县）、莆田市（仙游县）、福州市（福清市、连江县、永泰县）、宁德市（福安市）、龙岩市（漳平市）等地。

中文名：苹　婆

拉丁名：*Sterculia monosperma*

拼音：píng pó

科名：梧桐科 Sterculiaceae

属名：苹婆属 *Sterculia*

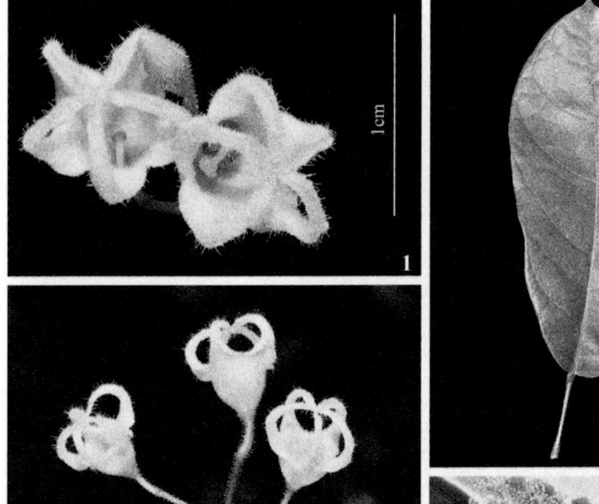

1　雄花（左）花药聚生在雌雄柄顶端，包围着退化雌蕊；雌花（右）子房密被毛，花柱弯曲。
2　花序轴和花梗被短柔毛；花无花瓣，花萼 5 裂，裂片在顶端黏合。
3　蓇葖暗红色，厚革质，成熟时开裂，具 1～4 粒种子；种子黑褐色，有光泽。
4　叶互生，薄革质或革质，长圆形或椭圆形，全缘，无毛。
5　乔木；花单性，排成腋生或顶生的圆锥花序。

【花期】4～5 月。

【果期】8～9 月。

【生境】生于山坡路旁较荫蔽而排水良好的肥沃地。

【分布】南部沿海，常见栽培。

中文名：**梧桐**

拉丁名：*Firmiana simplex*

拼音：wú tóng

科名：梧桐科 Sterculiaceae

属名：梧桐属 *Firmiana*

1　花排成顶生的大型圆锥花序。

2　蓇葖膜质，具梗，成熟前就开裂成叶状，每蓇葖有种子 2～4 粒。

3、4　雄花花萼 5 深裂，裂片向外卷曲，雌雄蕊柄与花萼等长，花药聚集在柄的顶端。

5　叶互生，心形，掌状 3～5 裂，基出脉 7 条，叶柄与叶近等长。

6　落叶乔木，树皮青绿色，平滑。

【花期】6～7 月。

【果期】8～10 月。

【生境】生于海拔 800m 以下的山坡路边或林缘。

【分布】各地较常见，也多有栽培。

中文名：**树 参**

拉丁名：*Dendropanax dentiger*

拼音：shù shēn

科名：五加科 Araliaceae

属名：树参属 *Dendropanax*

1 伞形花序或复伞形花序；花萼全缘或具5小齿，花瓣、雄蕊和花柱5数。
2 果长圆状圆球形，具5棱，宿存花柱上部离生，反曲。
3 乔木或灌木；叶革质，互生，基出脉3。
4 叶不裂，或掌状2～3深裂或浅裂，极少5裂，全缘，或上部有不明显齿。

【花期】8～10月。
【果期】10～12月。
【生境】生于海拔2100m以下的常绿阔叶林或灌丛中。
【分布】各地常见。

中文名：**豪猪刺**

拉丁名：*Berberis julianae*

拼音：háo zhū cì

科名：小檗科 Berberidaceae

属名：小檗属 *Berberis*

别名：三颗针

1 常绿灌木；浆果长圆形，顶端具明显宿存花柱，被白粉。
2 枝具刺，刺三分叉。
3 叶互生，簇生于侧生短枝上，叶革质，坚厚，椭圆形、披针形或倒披针形，缘具刺芒状锯齿。

【花期】5～6月。

【果期】8～10月。

【生境】生于海拔1500m以上的近山顶草坡或林缘灌丛中。

【分布】南平市（武夷山市）、三明市（泰宁县）等地。

中文名：**苎　麻**

拉丁名：*Boehmeria nivea*

拼音：zhù má

科名：荨麻科 Urticaceae

属名：苎麻属 *Boehmeria*

1　花雌雄同株；团伞花序排成腋生的圆锥状，雄花序在下，雌花序在上。
2　叶背密生白色绵毛，沿脉上密生灰褐色粗毛，基生脉3。
3　叶互生，宽卵形、卵形或近圆形，顶端渐尖或尾状，缘具粗齿。

【花期】6～8月。

【果期】9～11月。

【生境】生于路旁、村旁及房屋边。

【分布】各地常见，常栽培。

中文名：**紫　麻**

拉丁名：*Oreocnide frutescens*

拼音：zǐ má

科名：荨麻科 Urticaceae

属名：紫麻属 *Oreocnide*

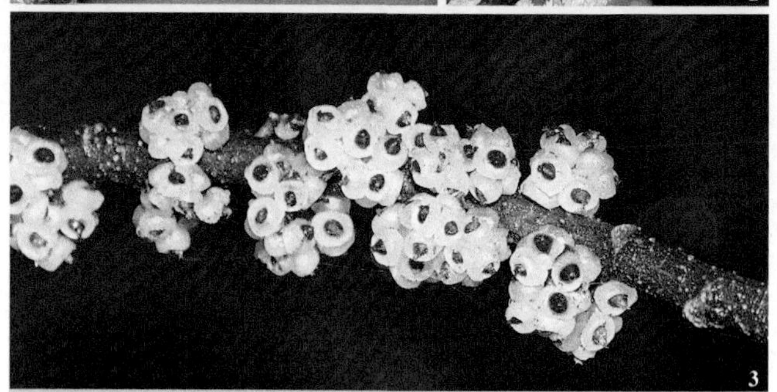

1　团伞花序生于上年生枝和老枝上，几无梗，呈簇生状；雄花花被片和雄蕊均为 3 数。

2　灌木；叶互生，纸质，常聚生于小枝上部，卵状长圆形或卵状披针形，顶端长渐尖，缘具粗锯齿，叶背脉上疏生柔毛，脉间密生白色绵毛或无绵毛。

3　瘦果扁卵形；肉质花托浅盘状，包围着果的大部分。

【花期】2～4 月。

【果期】6～10 月。

【生境】生于密林中或沟旁湿地。

【分布】宁德市（古田县）、南平市、福州市（永泰县）、三明市（沙县、永安市）、龙岩市（连城县）、漳州市（南靖县）等地。

中文名：**垂　柳**

拉丁名：*Salix babylonica*

拼音：chuí liǔ

科名：杨柳科 Salicaceae

属名：柳属 *Salix*

别名：蜀柳

1　雄花序斜展，有短梗，具3～5小叶，雄蕊2。
2　叶互生，狭披针形或线状披针形，先端长渐尖，缘具腺锯齿。
3　雌花序，有梗，具小叶3～5，子房无柄或近无柄。
4　落叶乔木；枝细，下垂；花序先叶开放或与叶同时开放。

【花期】3～4月。

【果期】4～5月。

【分布】各地均有栽培。

中文名：**银叶柳**

拉丁名：*Salix chienii*

拼音：yín yè liǔ

科名：杨柳科 Salicaceae

属名：柳属 *Salix*

1　雄株，雄花序花梗长 3～6mm。
2　雄花具 2 枚雄蕊。
3　雌花子房无毛或部分被毛，无梗。
4　灌木或乔木；雌花密生于花序轴上，花序轴不可见。
5　叶互生，[2～3.5（～5.5）]×[0.5～1.1（～1.3）] cm。
6　叶背被白色贴伏绢毛。

【花期】3～4 月。

【果期】5 月。

【生境】生于海拔 100～800m 的溪流、河岸边。

【分布】龙岩市（连城县）、莆田市（仙游县）、泉州市（永春县、德化县）、南平市（武夷山市）、宁德市（古田县）等地。

中文名：**粤 柳**

拉丁名：*Salix mesnyi*

拼音：yuè liǔ

科名：杨柳科 Salicaceae

属名：柳属 *Salix*

1 雄花序基部通常无小叶，雄花具雄蕊多数。
2 雌花（果）序轴清晰可见，花序梗具 2～3 枚小叶。
3 叶互生，革质，长圆形、狭卵形或长圆状披针形，先端长渐尖或尾尖，基部圆形或近心形，缘具腺锯齿。
4 叶背淡绿色，无毛。
5 落叶乔木，树皮条片状剥裂。

【花期】3～4 月。

【果期】4 月。

【生境】生于溪旁路边。

【分布】福州市（长乐区）、泉州市（德化县）、龙岩市（连城县）、三明市（沙县、永安市）等地。

中文名：**长梗柳**

拉丁名：*Salix dunnii*

拼音：cháng gěng liǔ

科名：杨柳科 Salicaceae

属名：柳属 *Salix*

别名：邓柳

1 雄株，葇荑花序，花序轴可见，雄花具雄蕊 3～6。

2 雌株，花序轴可见，子房无毛，子房柄明显。

3 叶互生，成熟叶片两面无毛。

4 灌木或乔木。

【花期】3～4 月。

【果期】5 月。

【生境】生于海拔 100～800m 的溪流、河岸边或池塘边。

【分布】各地常见。

中文名：**杨 梅**

拉丁名：*Myrica rubra*

拼音：yáng méi

科名：杨梅科 Myricaceae

属名：杨梅属 *Myrica*

1 花雌雄异株，无花被；雄花序穗状，单生或几个簇生于叶腋。

2 核果球形，外果皮具多数密集的乳头状突起，肉质，多汁，成熟时深红色、紫色或白色。

3 雌花序通常单生于叶腋，柱头 2 裂。

4 常绿乔木；单叶互生，革质，倒卵状长圆形至倒卵状披针形，全缘或上部有疏齿。

【花期】3～4 月。

【果期】5～7 月。

【生境】生于阳坡疏林或灌丛中。

【分布】各地常见。

中文名：**朴 树**

拉丁名：*Celtis sinensis*

拼音：pò shù

科名：榆科 Ulmaceae

属名：朴属 *Celtis*

别名：朴

1 花杂性，雄花花被4裂，雄蕊4。
2 两性花，花被4裂，雄蕊4，花柱2。
3 落叶乔木；叶互生；核果单生或2～3个腋生，近球形。
4 叶薄革质或革质，宽卵形至狭卵形，顶端急尖至渐尖，边缘中上部有钝齿。

【花期】3～4月。
【果期】9～10月。
【生境】生于山坡、林缘、村庄、路旁。
【分布】各地常见。

中文名：**山油麻**

拉丁名：*Trema cannabina* var. *dielsiana*

拼音：shān yóu má

科名：榆科 Ulmaceae

属名：山黄麻属 *Trema*

1 灌木或小乔木；花排成腋生的聚伞花序，花被片 5。
2 核果近球形，熟时橘红色，花被宿存。
3 叶互生，纸质，卵状披针形，顶端尾状渐尖，叶背幼时密被柔毛，后近无毛。
4 相似分类群：异色山黄麻（*Trema orientalis*），叶背密生银灰色柔毛。

【花期】3～6 月。

【果期】9～10 月。

【生境】生于山坡灌丛和疏林中，有时生于溪谷岸边。

【分布】漳州市（南靖县）、龙岩市（长汀县）、泉州市（永春县）、福州市、三明市（沙县）、南平市（建瓯市、武夷山市、浦城县）。

中文名：**榔 榆**

拉丁名：*Ulmus parvifolia*

拼音：láng yú

科名：榆科 Ulmaceae

属名：榆属 *Ulmus*

1 花簇生于当年生幼枝叶腋，花被片4，雄蕊4，花柱2，外弯。
2 叶互生，纸质或革质，基部稍偏斜，边缘有锯齿。
3 叶羽状脉，平行；翅果椭圆状卵形，无毛；种子位于翅果中部。
4 落叶乔木，树皮作不规则鳞片状脱落。

摄影：1. 朱鑫鑫

【花期】9～10月。
【果期】10～12月。
【生境】生于山坡路旁、溪谷岸边、林缘或林中间隙地。
【分布】各地常见。

中文名：

黄花倒水莲

拉丁名：*Polygala fallax*

拼音：huáng huā dào shuǐ lián
科名：远志科 Polygalaceae
属名：远志属 *Polygala*
别名：假黄花远志

1 总状花序顶生或腋生；花黄色，花瓣 3，龙骨瓣顶端具鸡冠状附属物。
2 种子圆形，被毛，种阜盔状。
3 蒴果略心形，压扁。
4 灌木或小乔木；单叶互生，薄纸质，全缘，两面被柔毛。

【花期】6～9 月。
【果期】7～11 月。
【生境】生于海拔 160～800m 的山谷林下阴湿处或溪边。
【分布】各地常见。

中文名：檫　木

拉丁名：*Sassafras tzumu*

拼音：chá mù
科名：樟科 Lauraceae
属名：檫木属 *Sassafras*

1　总状花序顶生，先于叶开放，序轴密被棕褐色柔毛；花被裂片 6。
2　叶互生，聚集于枝顶，全缘或有 2～3 浅裂，裂片顶端钝。
3　落叶乔木。
4　叶坚纸质，正面无毛，离基三出脉或羽状脉。

摄影：4．朱鑫鑫

【花期】3～4 月。
【果期】5～9 月。
【生境】多散生于天然林中。
【分布】泉州市（德化县）、福州市（闽侯县）、三明市（大田县、永安市、沙县、尤溪县）、宁德市（福安市、福鼎市、寿宁县）、南平市（建阳区）等地。

中文名：**豺皮樟**

拉丁名：*Litsea rotundifolia* var. *oblongifolia*

拼音：chái pí zhāng

科名：樟科 Lauraceae

属名：木姜子属 *Litsea*

1　叶互生，薄革质；花果序腋生。
2　果球形，几无梗，成熟时蓝黑色。
3　常绿灌木。
4　叶卵状长圆形或倒卵状长圆形，叶背粉绿色或棕灰色，无毛或有灰色柔毛。

【花期】8～9 月。

【果期】9～11 月。

【生境】生于荒山或疏林地。

【分布】厦门市、漳州市（南靖县、平和县）、泉州市（安溪县、德化县）、莆田市、福州市（永泰县）等地。

中文名：**山鸡椒**

拉丁名：*Litsea cubeba*

拼音：shān jī jiāo

科名：樟科 Lauraceae

属名：木姜子属 *Litsea*

别名：山苍子

1 伞形花序单生或簇生，总花梗细长；雄花具9枚能育雄蕊，4室，内向瓣裂。
2 果球形，成熟时黑色。
3 枝叶无毛；叶互生，披针形或长圆形。
4 叶背粉绿色至苍白色，羽状脉。
5 落叶灌木或小乔木，枝叶、花、果具浓郁香味，花先叶开放。

【花期】2～3月。

【果期】7～8月。

【生境】生于采伐迹地、火烧迹地或荒灌丛中、林缘。

【分布】各地常见。

中文名：**闽楠**

拉丁名：*Phoebe bournei*

拼音：mǐn nán

科名：樟科 Lauraceae

属名：楠属 *Phoebe*

别名：楠木

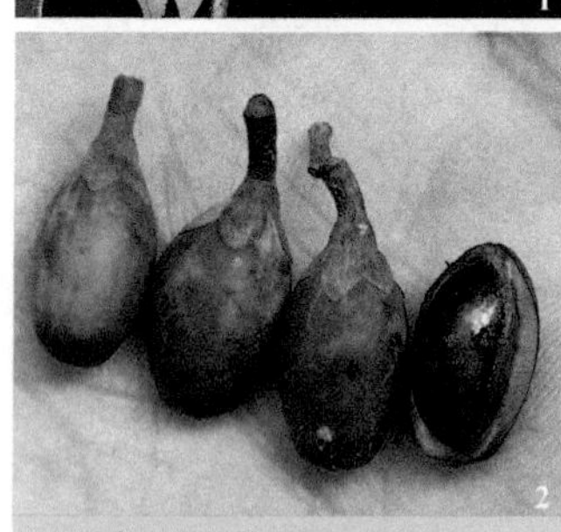

1 果序生于新枝中部、下部。
2 宿存花被裂片紧贴果实基部。
3 叶背被短柔毛。
4 常绿乔木，树干通直；叶互生，革质，披针形或倒披针形，顶端渐尖或长渐尖。

【花期】4 月。

【果期】10～11 月。

【生境】生于山地、沟谷常绿阔叶林中。

【分布】漳州市（南靖县）、三明市（大田县、清流县）、南平市（建阳区、邵武市）等地。

中文名：**紫　楠**

拉丁名：*Phoebe sheareri*

拼音：zǐ nán

科名：樟科 Lauraceae

属名：楠属 *Phoebe*

1　花序轴被长柔毛；花被裂片 6，能育雄蕊 9，花药 4 室。
2　果卵形；宿存花被片卵形，两面被毛，松散。
3　常绿大灌木至乔木；叶革质，倒卵形、椭圆状倒卵形或阔倒披针形，先端突渐尖或突尾状渐尖，基部渐狭；圆锥花序生当年生枝中、下部叶腋。
4　叶背密被黄褐色长柔毛，少为短柔毛，侧脉弧形。

【花期】4～5 月。

【果期】9～10 月。

【生境】生于山地林中。

【分布】龙岩市、泉州市（德化县）、三明市（宁化县、建宁县）、宁德市（屏南县）、南平市（松溪县、光泽县）等地。

中文名：**薄叶润楠**

拉丁名：*Machilus leptophylla*

拼音：báo yè rùn nán

科名：樟科 Lauraceae

属名：润楠属 *Machilus*

1 圆锥花序6～10个聚生嫩枝的基部；两性花具能育雄蕊9，花药4室。
2 常绿乔木；果球形，果下有宿存反曲的花被裂片。
3 叶互生或集生于当年生枝上，叶大，坚纸质，倒卵状长圆形，顶端短渐尖，基部楔形，叶背有绢毛。

【花期】3月。

【果期】6月。

【生境】生于海拔450～1200m的山谷阔叶林中。

【分布】漳州市（南靖县）、龙岩市（武平县、连城县）、三明市（宁化县、永安市、沙县）、福州市、南平市（武夷山市）等地。

黄绒润楠

中文名：黄绒润楠　　拼音：huáng róng rùn nán

拉丁名：*Machilus grijsii*　　科名：樟科 Lauraceae

属名：润楠属 *Machilus*

1　花两性，黄绿色，花被片 6，能育雄蕊 9，花药 4 室。
2　叶互生，革质；花序短，丛生小枝枝梢。
3　果球形，肉质；宿存花被片不紧贴果实基部。
4　常绿灌木或小乔木。
5　枝条和叶下面密被黄褐色短绒毛；叶柄粗壮，叶基近圆形。

【花期】3 月。

【果期】4 月。

【生境】生于海拔 200～600m 的灌丛或山地林中或林缘。

【分布】漳州市（南靖县）、厦门市、龙岩市（连城县）、三明市（宁化县、大田县、沙县）、南平市（建瓯市）等地。

中文名：**黄枝润楠**

拉丁名：*Machilus versicolora*

拼音：huáng zhī rùn nán

科名：樟科 Lauraceae

属名：润楠属 *Machilus*

1　圆锥花序顶生，2～6 个集生于枝顶。
2　花黄绿色，花被片 6，被微绢毛，能育雄蕊 9，花药 4 室。
3　叶背苍绿色，被浅黄色绢状微柔毛，侧脉 10～12 对。
4　常绿乔木；叶互生，常集生于枝端，革质，狭椭圆形至倒披针形，顶端渐尖至尾状，基部楔形。

【花期】3～4 月。

【果期】7～8 月。

【生境】生于海拔 500m 的常绿阔叶林中。

【分布】南平市（延平区）、漳州市（南靖县）等地。

刨花润楠

中文名：刨花润楠
拉丁名：*Machilus pauhoi*

拼音：bào huā rùn nán
科名：樟科 Lauraceae
属名：润楠属 *Machilus*
别名：刨花楠

1　果序生于新枝下端；果球形；花被宿存，开展。
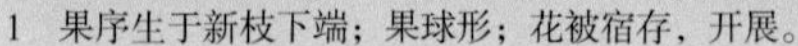
2　叶常集生于枝端，革质，椭圆形、狭椭圆形或倒披针形。
3　枝无毛；叶背浅绿色，侧脉 12～17 对。
4　常绿乔木。

【花期】3 月。
【果期】5～6 月。
【生境】生于低海拔土壤湿润的山谷或山坡疏林中。
【分布】漳州市（南靖县）、龙岩市、福州市、三明市（大田县、沙县）、南平市（邵武市、光泽县）等地。

中文名：**绒毛润楠**

拼音：róng máo rùn nán

拉丁名：*Machilus velutina*

科名：樟科 Lauraceae

属名：润楠属 *Machilus*

1　花黄绿色，被锈色绒毛，花被片 6，能育雄蕊 9，花药 4 室。
2　果球形，肉质；宿存花被片开展或反曲。
3　枝密被锈色绒毛；叶互生，革质，上面有光泽。
4　常绿小乔木；叶柄较细，叶基部楔形，叶柄及叶背被锈色绒毛。

【花期】10～12 月。

【果期】2～3 月。

【生境】生于海拔 200～500m 的山地阔叶林中。

【分布】漳州市（南靖县）、龙岩市（连城县）、福州市（福清市）、三明市（永安市、沙县）、宁德市、南平市等地。

中文名：**黑壳楠**

拉丁名：*Lindera megaphylla*

拼音：hēi ké nán

科名：樟科 Lauraceae

属名：山胡椒属 *Lindera*

1 花雌雄异株；伞形花序腋生；雄花具能育雄蕊 9，花药 2 室，全部内向。
2 花果序具明显的总梗，被细柔毛。
3 果托浅杯状；果椭圆形至卵形，成熟时紫黑色。
4 花芽阔扁；叶背苍白色。
5 常绿乔木；叶集生枝端，叶大，互生，薄革质。

摄影：1. 徐明杰

【花期】3 月。

【果期】10 月。

【生境】生于山谷、溪边阴湿处。

【分布】福州市、龙岩市（连城县）、莆田市（仙游县）、泉州市（永春县、德化县）、宁德市（屏南县）、南平市、三明市（沙县）等地。

中文名：**山胡椒**

拉丁名：*Lindera glauca*

拼音：shān hú jiāo

科名：樟科 Lauraceae

属名：山胡椒属 *Lindera*

别名：牛筋树、假死柴

1 伞形花序腋生，总花梗短或不明显；雌花花被片 6，退化雄蕊 9。
2 果球形，熟时黑褐色；叶互生，纸质或近革质。
3 嫩枝灰白色，初时被灰褐色柔毛。
4 落叶灌木或小乔木。

摄影：1、4. 熊彪

【花期】3～4 月。

【果期】7～8 月。

【生境】生于丘陵灌丛或路旁。

【分布】内陆较为常见。

中文名：**乌　药**　　　　拼音：wū yào

拉丁名：*Lindera aggregata*　　　　科名：樟科 Lauraceae

属名：山胡椒属 *Lindera*

1　花雌雄异株；花组成腋生伞形花序；雄花花药 2 室，全为内向。
2　叶背苍白色，密被柔毛；果椭圆形。
3　常绿灌木或小乔木，叶互生，正面有光泽，三出脉，顶端长渐尖或尾尖。

摄影：1. 罗萧

【花期】3～4 月。

【果期】6～9 月。

【生境】生于海拔 200～1000m 的向阳坡地、山谷或疏林灌丛中。

【分布】漳州市（南靖县）、龙岩市（长汀县）、泉州市（德化县）、三明市（永安市、沙县）、宁德市（屏南县）、南平市、福州市等地。

中文名：**香叶树**

拉丁名：*Lindera communis*

拼音：xiāng yè shù

科名：樟科 Lauraceae

属名：山胡椒属 *Lindera*

别名：大香叶

1　花雌雄异株；伞形花序单生或 2 个并生叶腋；雄花花药 2 室，全为内向。
2　果序梗短；果卵形，熟时红色。
3　叶互生，革质，羽状脉。
4　常绿灌木或乔木。

【花期】3～4 月。

【果期】10 月。

【生境】生于山地林中。

【分布】漳州市（南靖县）、龙岩市（连城县）、泉州市（永春县、安溪县、德化县）、三明市（永安市、尤溪县、清流县、将乐县、沙县）、宁德市（古田县、福安市）、南平市等地。

中文名：**阴　香**　　拼音：yīn xiāng

拉丁名：*Cinnamomum burmannii*　　科名：樟科 Lauraceae

属名：樟属 *Cinnamomum*

1　圆锥花序腋生或近顶生，比叶短；花绿白色，花被裂片 6，能育雄蕊 9，花药 4 室。
2　果卵球形，果托顶端具齿裂，齿顶端截平。
3　叶互生或近对生，稀对生，卵圆形、长圆形至披针形，先端短渐尖，基部宽楔形，革质，两面无毛，具离基三出脉。
4　常绿乔木；枝条纤细，绿色或褐绿色，无毛。

【花期】4～5 月。
【果期】10～11 月。
【生境】生于山地阔叶林中。
【分布】泉州市（安溪县、永春县）、福州市、三明市（永安市）、宁德市（福安市）、南平市（建瓯市）等地。

中文名：**樟**

拉丁名：*Cinnamomum camphora*

拼音：zhāng

科名：樟科 Lauraceae

属名：樟属 *Cinnamomum*

别名：香樟

1 花绿白色，花被片 6，能育雄蕊 9，排成 3 轮，花药 4 室。
2 果近球形，熟时紫黑色；花被筒形成喇叭状果托。
3 圆锥花序腋生。
4 叶两面无毛，离基三出脉，下面有脉腋腺窝。
5 常绿乔木，树皮黄褐色，有不规则纵裂。

【花期】4～5 月。

【果期】9～10 月。

【生境】生于山坡或沟谷中。

【分布】各地可见，常栽培。

中文名：杜茎山
拉丁名：*Maesa japonica*
拼音：dù jīng shān
科名：紫金牛科 Myrsinaceae
属名：杜茎山属 *Maesa*

1 花排成腋生总状花序或圆锥花序。
2 花冠白色，长钟形，花冠裂片仅为管长的 1/3，雄蕊内藏，柱头分叉。
3 果球形，肉质，黄白色，具脉状腺条纹，顶端被宿萼所包。
4 直立灌木或稍呈攀缘状；叶互生，革质，叶全缘至仅基部全缘。

【花期】1～3 月。
【果期】7～10 月。
【生境】生于海拔 1000m 以下的山地林中或林缘沟谷路边。
【分布】各地常见。

中文名：蜡烛果

拉丁名：*Aegiceras corniculatum*

拼音：là zhú guǒ
科名：紫金牛科 Myrsinaceae
属名：蜡烛果属 *Aegiceras*
别名：桐花树

1 花两性，花冠白色，4～6 裂，雄蕊与花冠裂片数相同。
2 蒴果状浆果圆柱形，弯曲，花萼宿存。
3 花 10 余朵排成无总梗的伞形花序，常生于枝顶。
4 叶互生，或呈对生状，革质，顶端圆或微凹，全缘。
5 灌木或小乔木状。

摄影：3、4. 赵俊

【花期】10 月至次年 3 月。

【果期】12 月至次年 4 月。

【生境】生于沿海潮水涨落的污泥滩上或河流入海的污泥滩边。

【分布】漳州市（诏安县、云霄县、漳浦县）、厦门市等东南沿海地区。

中文名：**密花树**

拉丁名：*Myrsine seguinii*

拼音：mì huā shù

科名：紫金牛科 Myrsinaceae

属名：铁仔属 *Myrsine*

1　两性花或雌雄异株；花排成伞形花序；雄花中雄蕊着生花冠中部。
2　浆果球形，或具纵肋条纹，花萼宿存。
3　叶倒卵形或倒披针形，顶端短尖或钝，基部楔形多少下延，全缘。
4　叶通常聚生于小枝顶端，叶片坚纸质。
5　大灌木或小乔木。

【花期】4～5 月。

【果期】10～12 月。

【生境】生于海拔 1200m 以下的山地林中、林缘或沟谷路边灌丛中。

【分布】各地常见。

中文名：多枝紫金牛

拉丁名：*Ardisia sieboldii*

拼音：duō zhī zǐ jīn niú

科名：紫金牛科 Myrsinaceae

属名：紫金牛属 *Ardisia*

别名：东南紫金牛

1　花排成伞形或聚伞状圆锥花序。
2　核果状浆果球形，成熟时红色至黑色。
3　叶倒卵形或椭圆状卵形，全缘，先端广急尖或钝，有时近圆形。
4　灌木或乔木。

【花期】5～6 月。

【果期】12 月至次年 1 月。

【生境】生于海拔 100～600m 的沿海山地疏林中或沟谷林下稍阴处。

【分布】沿海各地可见。

中文名：**虎舌红**

拉丁名：*Ardisia mamillata*

拼音：hǔ shé hóng

科名：紫金牛科 Myrsinaceae

属名：紫金牛属 *Ardisia*

1 具匍匐茎的矮小灌木；叶互生或簇生于直立茎顶端，缘具不明显的疏圆齿，两面被糙伏毛，毛的基部隆起如抗。

2 果球形，多少具腺点，被柔毛或近无毛。

3 相似分类群：莲座紫金牛（*Ardisia primulifolia*），矮小灌木或近草本，短茎或几无茎；叶互生或呈莲座状，两面均被锈色长柔毛。

【花期】6～7月。

【果期】11月至次年6月。

【生境】生于海拔300～1500m的山地或沟谷林下阴湿地。

【分布】各地常见。

中文名：**罗伞树**

拉丁名：*Ardisia quinquegona*

拼音：luó sǎn shù

科名：紫金牛科 Myrsinaceae

属名：紫金牛属 *Ardisia*

1　花冠白色，具腺点，5 深裂，雄蕊 5 数。
2　花排成腋生聚伞花序或近伞形花序。
3　果扁球形，具 5 钝棱，成熟时黄褐色。
4　叶全缘，边缘腺点不明显或无腺点。
5　灌木或小乔木。

摄影：3．朱鑫鑫

【花期】5～6 月。

【果期】12 月至次年 4 月。

【生境】生于海拔 1000m 以下的山地林中或林下溪沟边阴湿地，也常见于林缘路旁灌丛中。

【分布】南平市（建瓯市、延平区）以南各地可见。

中文名：**山血丹**

拉丁名：*Ardisia lindleyana*

拼音：shān xuè dān

科名：紫金牛科 Myrsinaceae

属名：紫金牛属 *Ardisia*

别名：沿海紫金牛

1　花萼具腺点，花柱丝状

2　灌木或小灌木，高 1～2m；核果状浆果球形，成熟时深红色。

3　花排成伞形花序，花冠白色，具明显腺点。

4　叶长圆形至椭圆状披针形，近全缘或具微波状齿，侧脉连成远离边缘的脉。

5　叶齿尖具边缘腺点。

【花期】5～8 月。

【果期】10～12 月。

【生境】生于海拔 1000m 以下的山坡、沟谷林下阴湿地或林缘水边。

【分布】各地常见。

中文名：朱砂根

拉丁名：*Ardisia crenata*

拼音：zhū shā gēn

科名：紫金牛科 Myrsinaceae

属名：紫金牛属 *Ardisia*

别名：硃砂根

1 花排成伞形或聚伞花序，花冠白色而稍带粉红色。
2 果球形，成熟时鲜红色。
3 叶椭圆形、椭圆状披针形至倒披针形，边缘皱波状或具波状齿，具明显的边缘腺点。
4 灌木，除侧生特殊花枝外，茎不分枝。

摄影：4. 朱鑫鑫

【花期】5～6 月。

【果期】10～12 月。

【生境】生于海拔 1500m 以下的山地或沟谷林下阴湿地。

【分布】各地可见。

毛鳞省藤

中文名：毛鳞省藤

拉丁名：*Calamus thysanolepis*

拼音：máo lín shěng téng

科名：棕榈科 Arecaceae

属名：省藤属 *Calamus*

别名：高毛鳞省藤

1　雄花常排成整齐的 2 列，花萼 3 裂，花瓣 3，雄蕊 6。
2　果卵形或近圆形，有鳞片，新鲜时金黄色或橘红色。
3　叶羽状全裂，裂片多数，常 2～6 片紧靠成束，不整齐，裂片指向不同方向。
4　灌木或直立的藤状；茎丛生，直立；花单性，异株，肉穗花序圆锥状。

【花期】5～6 月。

【果期】11～12 月。

【生境】生于海拔 600m 以下的山地林下或灌丛中。

【分布】各地较常见。

中文名：**菝葜**

拉丁名：*Smilax china*

拼音：bá qiā

科名：百合科 Liliaceae

属名：菝葜属 *Smilax*

1 雌株，花被片 6，柱头 3 裂；叶鞘与叶柄近等宽，卷须粗长。
2 果成熟时红色。
3 根状茎粗壮。
4 雄株，伞形花序单生叶腋，花被片和雄蕊各 6。
5 攀缘灌木；叶具 5～7 条掌状脉。

摄影：1～5. 李攀

【花期】2～5 月。

【果期】9～11 月。

【生境】生于海拔 2000m 以下的常绿阔叶林下，灌丛及山坡路旁草丛中。

【分布】各地可见。

中文名：**杠香藤**

拉丁名：*Mallotus repandus* var. *chrysocarpus*

拼音：gàng xiāng téng

科名：大戟科 Euphorbiaceae

属名：野桐属 *Mallotus*

1 雌花序总状，轴密被黄色绒毛，子房3室，花柱3，柱头羽状。
2 叶互生；蒴果球形，密被黄褐色绒毛。
3 花单性，雌雄异株；雄花序通常为总状花序，花萼4～5，雄蕊多数。
4 叶纸质，上面无毛，掌状脉3。
5 攀缘状灌木或藤本。

【花期】4～6月。

【果期】6～8月。

【生境】生于山路旁或山坡石缝中。

【分布】较为常见。

中文名：**龙须藤**

拉丁名：*Bauhinia championii*

拼音：lóng xū téng

科名：豆科 Fabaceae

属名：羊蹄甲属 *Bauhinia*

1 总状花序，腋生或数个聚生形成圆锥花序；花萼钟状，花冠假蝶形，发育雄蕊 3。
2 荚果扁平，厚革质，顶端具喙。
3 单叶互生，厚纸质，顶端尖锐、钝头、微缺或 2 裂。
4 木质大藤本，卷须单生或对生。

摄影：1. 罗萧

【花果期】8～12 月。

【生境】生于灌木丛中或林缘。

【分布】漳州市（南靖县、平和县、华安县）、厦门市、龙岩市（上杭县、连城县）、泉州市（永春县、德化县）、福州市（永泰县）、三明市（永安市、沙县）、宁德市、南平市（武夷山市）等地。

瓜馥木

拉丁名：*Fissistigma oldhamii*

拼音：guā fù mù
科名：番荔枝科 Annonaceae
属名：瓜馥木属 *Fissistigma*

1　小枝被黄褐色柔毛；花 1～3 朵排成聚伞花序，萼片 3，花瓣 6 排成 2 轮。
2　心皮部分至全部发育；聚合果，密被黄棕色绒毛。
3　雄蕊多数，排列紧密，心皮多数分离。
4　叶互生，革质，长圆形或倒卵状长圆形，下面幼时被柔毛。
5　攀缘灌木。

摄影：2. 罗萧

【花期】4～9 月。
【果期】7 月至次年 2 月。
【生境】生于林中或灌丛中。
【分布】各地较常见。

中文名：**假鹰爪**

拉丁名：*Desmos chinensis*

拼音：jiǎ yīng zhuǎ

科名：番荔枝科 Annonaceae

属名：假鹰爪属 *Desmos*

1　花黄白色，单朵与叶互生或对生，花梗长，花萼具3裂片，花瓣6，2轮，外轮花瓣较内轮花瓣大，雄蕊和雌蕊多数。

2　成熟心皮多数，伸长而在种子间缢缩成念珠状。

3　直立或攀缘灌木；叶互生，薄纸质，常为长圆形或椭圆形，顶端钝或急尖，基部圆形或稍偏斜。

摄影：2．朱鑫鑫

【花期】4～10月。

【果期】6～12月。

【生境】生于山谷林缘灌木丛中或低海拔旷野。

【分布】福州市、漳州市（华安县）等地。

中文名：**木防己**

拉丁名：*Cocculus orbiculatus*

拼音：mù fáng jǐ

科名：防己科 Menispermaceae

属名：木防己属 *Cocculus*

1　花单性，雌雄异株，聚伞圆锥花序生于叶腋；花萼、花瓣、雄蕊均为 6 数。
2　核果近球形，蓝黑色，有白粉。
3　雌花花萼、花瓣 6 数，花瓣顶端 2 裂，心皮 6。
4　叶纸质，顶端或微凹，有短尖头，全缘。
5　草质或近木质缠绕藤本；嫩枝密被柔毛。

【花期】4～7 月。

【果期】6～10 月。

【生境】生于山坡路旁、疏林中岩石边及村旁灌丛中。

【分布】各地极常见。

中文名：**山 蒟**

拉丁名：*Piper hancei*

拼音：shān jǔ

科名：胡椒科 Piperaceae

属名：胡椒属 *Piper*

1 花单性，雌雄异株，排成与叶对生的穗状花序，雄花序长 6～10cm。
2 浆果球形，黄色。
3 木质藤本；节膨大，常生根；叶互生，纸质或近革质，卵状披针形、长圆状披针形，全缘。

摄影：2、3．徐明杰

【花期】3～8 月。

【果期】1 月。

【生境】常攀缘于树上或石头上。

【分布】各地常见。

蔓胡颓子

中文名：蔓胡颓子

拉丁名：*Elaeagnus glabra*

拼音：màn hú tuí zi

科名：胡颓子科 Elaeagnaceae

属名：胡颓子属 *Elaeagnus*

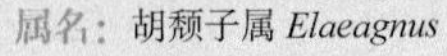

1 花数朵簇生于叶腋或小枝上，排成伞形总状花序；花淡白色，下垂，密被鳞片，萼筒漏斗形，上部 4 裂，无花瓣，雄蕊 4。
2 果长圆形，被锈色鳞片，成熟时红色。
3 叶背黄褐色、灰绿色或青铜色，被锈色鳞片。
4 常绿蔓生或攀缘灌木；叶互生，常为卵状椭圆形或椭圆形，顶端渐尖或长渐尖，全缘。

摄影：2. 罗萧

【花期】10～11 月。
【果期】2～4 月。
【生境】生于山坡灌丛或林缘。
【分布】各地常见。

中文名：**毛花猕猴桃**

拉丁名：*Actinidia eriantha*

拼音：máo huā mí hóu táo

科名：猕猴桃科 Actinidiaceae

属名：猕猴桃属 *Actinidia*

1　聚伞花序腋生，具1～3朵花；雄花花瓣5，雄蕊多数。
2　浆果柱状或卵状圆柱形，密被乳白色长绒毛。
3　小枝、叶柄和叶背密被乳白色或污黄色的绵毛状绒毛；叶互生，缘具细锯齿。
4　落叶藤本。

【花期】6月。

【果期】8～10月。

【生境】生于海拔150～1700m的山岩、林缘、溪边、山坡路旁或疏林灌丛中。

【分布】各地极常见。

小叶猕猴桃

中文名：小叶猕猴桃

拉丁名：*Actinidia lanceolata*

拼音：xiǎo yè mí hóu táo

科名：猕猴桃科 Actinidiaceae

属名：猕猴桃属 *Actinidia*

1　聚伞花序腋生，二回分歧，具 5～7 朵花；花小，淡绿色。
2　浆果球形、卵球形或倒卵球形，长 8～10mm，成熟时有淡褐色斑点。
3　小枝、叶柄被锈褐色短绒毛；叶椭圆状披针形或倒卵状披针形，叶背密被星状绒毛。
4　落叶藤本。

【花期】5～6 月。

【果期】9～10 月。

【生境】生于海拔 200～600m 的山谷林缘、河边、路旁及山坡灌丛中。

【分布】三明市（永安市、沙县、尤溪县、泰宁县、建宁县）、福州市（罗源县）、宁德市（古田县、屏南县）、南平市（建瓯市、建阳区、松溪县、武夷山市、浦城县）等地。

异色猕猴桃

中文名：异色猕猴桃

拉丁名：*Actinidia callosa* var. *discolor*

拼音：yì sè mí hóu táo

科名：猕猴桃科 Actinidiaceae

属名：猕猴桃属 *Actinidia*

1 聚伞花序腋生，具 1～3 朵花；花瓣白色。
2 浆果卵球形、椭圆形至倒卵状椭圆形，成熟时无毛，绿褐色，有灰褐色斑点，具宿存萼片。
3 叶背绿色，无毛。
4 落叶藤本；小枝无毛；叶互生，倒卵形或椭圆形，基部偏斜，缘具齿，或近全缘。

【花期】5～6 月。

【果期】7～9 月。

【生境】生于海拔 350～1300m 的山谷林缘、山坡路旁及灌丛中。

【分布】各地常见。

中文名：**中华猕猴桃**

拉丁名：*Actinidia chinensis*

拼音：zhōng huá mí hóu táo

科名：猕猴桃科 Actinidiaceae

属名：猕猴桃属 *Actinidia*

1 雌花子房被毛，花柱多数，分离。
2 聚伞花序腋生，具1～3朵花；花初开时白色，后变淡黄色，雄花花萼花瓣常为5数，雄蕊多数。
3 浆果近球形至长圆形，被黄褐色短绒毛。
4 落叶藤本；叶互生，纸质，倒阔卵形至近圆形，缘具睫毛状细齿。
5 叶背密被灰白色至灰棕色星状绒毛。

【花期】5～6月。

【果期】9～10月。

【生境】生于海拔500～1400m的山谷林缘或山坡灌丛中。

【分布】三明市（将乐县、泰宁县、建宁县）、宁德市（屏南县）、南平市（政和县、松溪县、建瓯市、建阳区、武夷山市、浦城县、光泽县）等地。

中文名：**东南悬钩子**

拉丁名：*Rubus tsangiorum*

拼音：dōng nán xuán gōu zi

科名：蔷薇科 Rosaceae

属名：悬钩子属 *Rubus*

1 总状花序；花白色，花瓣 5，离生，萼片花序轴等被柔毛和头状腺毛。
2 聚合果近圆球形，红色。
3 托叶大，掌状深裂，着生叶柄基部两侧的枝条上。
4 木质藤本；叶互生，近圆形，3～5 浅裂，基部心形。

【花期】5～11 月。

【果期】6～12 月。

【生境】生于海拔 200～1200m 的山地林下或灌丛中。

【分布】泉州市（德化县）、福州市（福清市、永泰县）、三明市（永安市、将乐县、泰宁县）、南平市（建阳区、武夷山市、邵武市、光泽县）等地。

中文名：高粱泡

拉丁名：*Rubus lambertianus*

拼音：gāo liáng pào

科名：蔷薇科 Rosaceae

属名：悬钩子属 *Rubus*

1 圆锥花序顶生或生于茎顶端叶腋；花瓣白色，花柱、心皮无毛。
2 聚合果橙红色，无毛。
3 叶卵形至椭圆状卵形，3～5 浅裂，顶端渐尖，托叶条状细裂，生于叶柄两侧的枝条上。
4 蔓性灌木；枝散生皮刺；叶互生。

【花期】8～9 月。

【果期】10～12 月。

【生境】生于林缘、山谷、灌丛或路旁。

【分布】各地习见。

中文名：**木莓**

拉丁名：*Rubus swinhoei*

拼音：mù méi

科名：蔷薇科 Rosaceae

属名：悬钩子属 *Rubus*

1 花萼5裂，花瓣5，白色，雌蕊多数，比雄蕊长很多。
2 聚合果熟时黑紫色，无毛。
3 蔓性灌木；单叶，卵状椭圆形至椭圆状披针形；总状花序顶生，花梗和花萼上被头状腺毛。
4 托叶条形，着生叶柄两侧枝条上，早落。

【花期】5～6月。

【果期】7～8月。

【生境】生于海拔300～1500m的山坡、溪边、山谷和灌丛中。

【分布】龙岩市（连城县）、三明市（永安市、沙县、泰宁县）、宁德市、南平市（武夷山市）。

中文名：**山　莓**

拉丁名：*Rubus corchorifolius*

拼音：shān méi

科名：蔷薇科 Rosaceae

属名：悬钩子属 *Rubus*

1　花瓣白色，长于花萼；雌蕊多数，短于雄蕊。
2　聚合果橙红色，密被毛。
3　蔓性灌木；单叶互生，偶有基部3浅裂，托叶与叶柄贴生，成叶因托叶早落而难见痕迹。
4　花单朵顶生或与叶对生。
5　新枝被柔毛，散生皮刺。

【花期】2～3月。

【果期】4～6月。

【生境】生于向阳山坡、溪边、山谷、荒地和灌丛中潮湿处。

【分布】各地习见。

中文名：**锈毛莓**

拉丁名：*Rubus reflexus*

拼音：xiù máo méi

科名：蔷薇科 Rosaceae

属名：悬钩子属 *Rubus*

1　总状花序短，3～5 朵花簇生叶腋。
2　聚合果近球形，橙红色，无毛。
3　托叶条裂至中部，着生于叶柄基部两侧的枝条上。
4　枝条、叶被密生锈色绒毛。
5　攀缘灌木；叶不裂至 3～5 裂，顶端裂片明显长于侧裂片。

【花期】6～7 月。

【果期】8～9 月。

【生境】生于海拔 300～1000m 的山地疏林下、谷地灌丛中。

【分布】龙岩市（连城县）、南平市（武夷山市、光泽县）等地。

尖叶清风藤

中文名：尖叶清风藤

拉丁名：*Sabia swinhoei*

拼音：jiān yè qīng fēng téng

科名：清风藤科 Sabiaceae

属名：清风藤属 *Sabia*

1 萼片和花瓣均为 5 数，花瓣卵状披针形或披针形，顶端长渐尖，雄蕊 5，子房无毛。

2 核果扁，成熟时紫蓝色，果梗被柔毛；小枝被柔毛。

3 聚伞花序腋生，有花 2～5 朵；叶背被短柔毛。

4 常绿攀缘灌木；叶薄革质，椭圆形或卵状椭圆形，顶端渐尖，边缘略向下面反卷。

【花期】3～5 月。

【果期】5～12 月。

【生境】生于海拔 300～700m 的林中、林缘、山坡或路旁灌丛中。

【分布】各地习见。

中文名：**清风藤**

拉丁名：*Sabia japonica*

拼音：qīng fēng téng

科名：清风藤科 Sabiaceae

属名：清风藤属 *Sabia*

1 花单生于叶腋或排成聚伞花序，黄绿色，先叶开放，花萼裂片、花瓣和雄蕊均为5数，花瓣卵状椭圆形，花柱1。

2 果由2个心皮发育成2个分果爿，或仅有1个发育，平滑，熟时蓝色。

3 叶纸质，常为卵状椭圆形或椭圆形，顶端短渐尖，基部渐狭或近圆形。

4 落叶攀缘藤本；老枝在叶柄基部下有木质化的短刺；叶背灰绿色或灰白色，沿脉有短柔毛。

摄影：2. 朱鑫鑫

【花期】3～4月。

【果期】4～9月。

【生境】生于海拔200～1800m的林中、林缘或路旁灌丛中。

【分布】南平市、三明市、龙岩市、福州市（福清市）等地。

中文名：**藤 构**

拉丁名：*Broussonetia kaempferi* var. *australis*

拼音：téng gòu

科名：桑科 Moraceae

属名：构属 *Broussonetia*

1 雄花序为圆柱状葇荑花序。
2 聚花果球形，肉质，熟时橙红色。
3 花雌雄异株；雌花序头状，雌花花柱线形，暗红色。
4 灌木；枝显著地伸长而呈蔓性；叶互生，卵形至狭卵形，顶端渐尖或长渐尖，缘具锯齿。

【花期】4～6月。

【果期】5～7月。

【生境】生于山坡灌丛中，常攀缘于他物上。

【分布】漳州市（南靖县）、厦门市、三明市、南平市、龙岩市（连城县）等地。

中文名：薜荔

拉丁名：*Ficus pumila*

拼音：bì lì

科名：桑科 Moraceae

属名：榕属 *Ficus*

别名：凉粉果、膨泡树

1 雄花和瘿花生于同一花序托中，雄花多数，生于花序托近口部。
2 花序托单个腋生，梨形或球形。
3 叶通常二型，花序枝上的叶大而厚，革质，全缘。
4 攀缘或匍匐灌木；营养枝上的叶较小而薄。

【花果期】5～8 月。

【生境】生于旷野或攀缘于残墙、破壁或树上。

【分布】各地常见。

中文名：独行千里

拉丁名：*Capparis acutifolia*

拼音：dú xíng qiān lǐ

科名：山柑科 Capparaceae

属名：山柑属 *Capparis*

别名：膜叶槌果藤

1　浆果球形或椭圆球形，腋生，果顶端具短喙，熟时红色。
2　种子 1 至数粒，肾形。
3　叶互生，薄纸质至纸质，长圆状披针形至卵状披针形，顶端锐尖或渐尖，全缘。
4　攀缘藤本；枝圆柱形，具下弯短刺或无。

【花期】4～5 月。

【果期】全年。

【生境】生于林缘路边或林中。

【分布】三明市（永安市、沙县）、南平市（建阳区、浦城县）、福州市（闽侯县）等地。

中文名：**多花勾儿茶**

拉丁名：*Berchemia floribunda*

拼音：duō huā gōu ér chá

科名：鼠李科 Rhamnaceae

属名：勾儿茶属 *Berchemia*

1　花排成顶生聚伞圆锥花序；花两性，淡绿色，花萼、花瓣和雄蕊均为 5 数。
2　核果圆柱状椭圆形，成熟时红色后变黑色，具宿存的花萼和花盘。
3　相似分类群：铁包金（*Berchemia lineata*），叶小；花白色，常排成总状花序。
4　藤状或直立灌木；叶互生，纸质，卵形或卵状椭圆形，羽状脉，两面无毛，基部圆形或心形。

【花期】7～10 月。

【果期】4～7 月。

【生境】生于海拔 1500m 以下的山坡、沟谷、林缘、林下或灌丛中。

【分布】各地较常见。

中文名：**尼泊尔鼠李**

拉丁名：*Rhamnus napalensis*

拼音：ní bó ěr shǔ lǐ

科名：鼠李科 Rhamnaceae

属名：鼠李属 *Rhamnus*

1 花排成腋生聚伞总状或圆锥花序；花单性，淡绿色，5 基数，花瓣匙形抱持雄蕊。

2 核果倒卵球形，成熟时暗红色或红黑色，具宿存的花萼。

3 叶厚纸质或软革质，大小异型交替互生，边缘具钝锯齿或浅圆齿，叶背淡绿色。

4 藤状灌木或小乔木；叶两面无毛。

【花期】5～9 月。

【果期】8～11 月。

【生境】生于海拔 1200m 以下的疏林中、林下或沟谷林缘灌丛中。

【分布】龙岩市（上杭县、连城县）、三明市（永安市、沙县）、南平市（建阳区、武夷山市）。

中文名：过山枫

拉丁名：*Celastrus aculeatus*

拼音：guò shān fēng

科名：卫矛科 Celastraceae

属名：南蛇藤属 *Celastrus*

别名：窄叶南蛇藤

1　聚伞花序短，茎生或腋生，常 1～3 朵花。
2　蒴果近球形，果梗具硬毛，关节位于果梗中部以上。
3　侧脉 5～10 对；叶柄常与主脉同为淡红色。
4　攀缘灌木；小枝被棕褐色短毛，枝条上点状皮孔白色；叶互生，倒披针形至椭圆形，先端渐尖，基部楔形，缘具浅锯齿。

摄影：1～4. 沐先运

【花期】3～4 月。

【果期】5～10 月。

【生境】生于海拔 100～1000m 的山地灌丛或疏林中。

【分布】厦门市、漳州市（南靖县）、龙岩市（漳平市、连城县、上杭县、长汀县）、泉州市、福州市（闽侯县、永泰县）、三明市（沙县、宁化县、永安市）、南平市（武夷山市、光泽县）等地。

中文名：**青江藤**

拉丁名：*Celastrus hindsii*

拼音：qīng jiāng téng

科名：卫矛科 Celastraceae

属名：南蛇藤属 *Celastrus*

1 聚伞圆锥花序顶生或腋生；雄花花萼、花瓣和雄蕊均为 5 数。
2 蒴果宽椭圆形或近球形，花柱宿存；果梗光滑，关节位于果梗中部以上。
3 常绿藤本；幼枝绿色，光滑，无皮孔；两性花柱头 3 浅裂。
4 每果实具种子 1 粒；假种皮肉质，橙红色，全包种子。
5 叶互生，革质，椭圆形至窄卵形，先端渐尖，基部近圆形，缘具疏锯齿。

【花期】4～6 月。

【果期】7～10 月。

【生境】生于山地林中、灌丛中。

【分布】厦门市、漳州市（龙海市、南靖县、长泰县）、龙岩市（漳平市）、莆田市、福州市（长乐区、闽侯县、永泰县）、宁德市等地。

中文名：**常春藤**

拉丁名：*Hedera nepalensis* var. *sinensis*

拼音：cháng chūn téng
科名：五加科 Araliaceae
属名：常春藤属 *Hedera*
别名：中华常春藤

1 花瓣和雄蕊均为 5 数，花盘隆起，子房下位。
2 果红色或黄色，花柱宿存。
3 常绿攀缘灌木，具气生根。
4 叶在花枝及果枝上通常为椭圆状卵形至椭圆状披针形，略歪斜而带菱形。
5 叶革质，在营养枝上常为三角状卵形至三角状圆形。

【花期】9～11 月。

【果期】3～5 月。

【生境】生于海拔 1000m 以下的林缘树上、林下路旁、岩石或房屋墙壁上。

【分布】各地较常见。

中文名：**南五味子**

拉丁名：*Kadsura longipedunculata*

拼音：nán wǔ wèi zi

科名：五味子科 Schisandraceae

属名：南五味子属 *Kadsura*

1 花单性，雌雄异株；雄花，花被片 8～17，黄色，雄蕊多数，雄蕊柱近球形。
2 聚合果近球形，直径 2.5～5cm，熟时鲜红色或深红色。
3 叶互生，薄革质或软革质，边缘常有疏细齿；果梗细长。
4 雌花心皮 40～60 枚聚集成球形。
5 藤本，全株无毛。

摄影：1、4. 朱鑫鑫

【花期】5～6 月。
【果期】9～10 月。
【生境】多生于海拔 1500m 以下的山坡林缘或路旁灌丛中。
【分布】各地常见。

中文名：**当归藤**

拉丁名：*Embelia parviflora*

拼音：dāng guī téng

科名：紫金牛科 Myrsinaceae

属名：酸藤子属 *Embelia*

别名：小花酸藤子

1 雄花花萼裂片、花瓣和雄蕊均为 5 数，花瓣白色或粉红色。
2 果球形，成熟时暗红色，无毛。
3 叶背被锈色长柔毛或鳞片；花 2～4 朵或更多朵排成腋生近伞形或聚伞花序。
4 攀缘灌木或藤本；小枝通常 2 列，密被锈色长柔毛；叶互生，排成 2 列，卵形，全缘。

【花期】12 月至次年 5 月。

【果期】5～8 月。

【生境】生于海拔 600m 以下的山地林中、林缘或林缘灌丛中。

【分布】漳州市（南靖县）、福州市（福清市）、南平市等地。

密齿酸藤子

中文名：密齿酸藤子
拉丁名：*Embelia vestita*

拼音：mì chǐ suān téng zi
科名：紫金牛科 Myrsinaceae
属名：酸藤子属 *Embelia*
别名：网脉酸藤子

1 花排成腋生总状花序；花单性或两性。
2 雄花花萼裂片、花瓣和雄蕊均为5数，萼片卵形，花瓣绿白色，雄蕊与花瓣等长。
3 攀缘灌木；叶互生，坚纸质，长圆状卵形，边缘具细密锯齿。
4 浆果球形。
5 叶背无毛，侧脉多数，直达齿尖，细脉网状。

【花期】10～12月。
【果期】4～7月。
【生境】生于海拔200～1200m的山坡林中、林缘或灌丛中。
【分布】各地可见。

中文名：**柑 橘**

拉丁名：*Citrus reticulata*

拼音：gān jú

科名：芸香科 Rutaceae

属名：柑橘属 *Citrus*

别名：宽皮桔

1 花单朵或2～3朵腋生，花瓣白色，5片，雄蕊20～25，柱头比花柱稍大。
2 柑果果形多样，皮较薄且光滑，甚易剥离，果心空。
3 叶互生，单身复叶，缘具细钝齿或圆齿，两面无毛；翼叶线状或仅具痕迹。
4 瓢囊7～14瓣，瓢囊内壁细胞发育成半透明的汁胞。
5 常绿小乔木或灌木，分枝多；枝扩展或略下垂。

摄影：1、3、4. 朱鑫鑫

【花期】4月。

【果期】10～12月。

【分布】各地有栽培。

中文名：**柚**

拉丁名：*Citrus maxima*

拼音：yòu

科名：芸香科 Rutaceae

属名：柑橘属 *Citrus*

1　花蕾常带淡紫红色；花瓣 5，花柱长且粗，柱头特大。
2　柑果圆球形、扁圆形、梨形或阔圆锥状，淡黄色或黄绿色。
3　单身复叶，缘具不明显细齿或全缘，下面至少在中脉上被柔毛；翼叶明显。
4　常绿乔木；枝有刺；叶互生。

单身复叶互生　乔木或灌木

【花期】3～4 月。
【果期】9～10 月。
【分布】各地多有种植。

中文名：**重阳木**

拉丁名：*Bischofia polycarpa*

拼音：chóng yáng mù

科名：大戟科 Euphorbiaceae

属名：秋枫属 *Bischofia*

别名：秋枫（《福建植物志》中为误用）

1　果序下垂；果实为浆果状，圆球形，成熟时褐红色。
2　小叶缘具钝细锯齿，每厘米长 4～5 个。
3　三出羽状复叶，总柄长，小叶顶端突尖或短渐尖，基部圆至心形。
4　落叶乔木；叶互生。
5　相似分类群：秋枫（*Bischofia javanica*），常绿或半常绿乔木；小叶基部宽楔形至钝，小叶缘有浅锯齿，每厘米长 2～3 个。

【花期】4～5 月。

【果期】10～11 月。

【生境】生于山谷附近林缘肥沃潮湿地。

【分布】漳州市、龙岩市（长汀县）、福州市、三明市（建宁县、泰宁县）、南平市（武夷山市）等地。

中文名：**美丽胡枝子**

拉丁名：*Lespedeza thunbergii* subsp. *formosa*

拼音：měi lì hú zhī zi

科名：豆科 Fabaceae

属名：胡枝子属 *Lespedeza*

1 花两侧对称，花瓣 5，紫红色。
2 羽状 3 小叶互生，叶背密被短伏毛。
3 荚果斜卵形或长圆形，顶端具短喙，被短柔毛，具网纹；种子 1 粒。
4 总状花序较叶长，腋生，或在枝端形成圆锥状；幼枝密被白色短柔毛。
5 直立灌木。

【花果期】6～11 月。

【生境】生于山坡灌丛中、路旁、疏林下。

【分布】漳州市（南靖县）、龙岩市（连城县）、三明市（大田县、永安市、沙县、泰宁县）、南平市（建阳区、武夷山市、浦城县）等地。

中文名：**小槐花**

拉丁名：*Ohwia caudata*

拼音：xiǎo huái huā

科名：豆科 Fabaceae

属名：小槐花属 *Ohwia*

别名：味噌草

1 蝶形花冠淡绿白色或淡黄白色，苞片宿存。
2 羽状 3 小叶，小叶被毛，叶柄具很窄的翼。
3 荚果带形，两缝线隘缩成浅波状，被钩状毛。
4 灌木或亚灌木；总状花序腋生或顶生，花序轴密被毛。

【花果期】7～12 月。

【生境】生于山沟、路旁草丛中、林内灌丛中及林缘。

【分布】漳州市（南靖县）、莆田市、福州市、龙岩市（连城县、漳平市）、三明市（永安市、泰宁县、沙县）、宁德市（古田县）、南平市（建阳区、建瓯市、浦城县、武夷山市）等地。

中文名：**蓬 虆**　　拼音：péng lěi

拉丁名：*Rubus hirsutus*　　科名：蔷薇科 Rosaceae

属名：悬钩子属 *Rubus*

1　灌木；花单朵顶生。
2　聚合果肉质，熟时橙红色
3　花萼裂片三角状披针形，具尾状尖，花瓣白色，雄蕊多数，心皮多数离生。
4　叶互生，羽状复叶有小叶 3～5，小叶缘具重锯齿，两面被柔毛。
5　嫩枝被柔毛及腺毛，疏生下弯皮刺；托叶披针形，下部与叶柄合生。

【花期】2～4 月。
【果期】5～6 月。
【生境】生于山坡灌木丛中。
【分布】各地习见。

中文名：**白　簕**

拉丁名：*Eleutherococcus trifoliatus*

拼音：bái lè

科名：五加科 Araliaceae

属名：五加属 *Eleutherococcus*

1　伞形花序多个组成顶生复伞形花序或圆锥花序。
2　花黄绿色，花萼、花瓣和雄蕊均为5数，子房2室，花柱2。
3　果通常稍扁，熟时黑色；花柱宿存。
4　叶为互生的掌状三出复叶，极少具4～5小叶，小叶缘具齿。
5　灌木；小枝软弱铺散，常依附他物上升，幼枝被疏刺。

摄影：3、4．朱鑫鑫

【花期】8～11月。

【果期】9～12月。

【生境】生于山坡路旁、林缘、灌丛及村落附近。

【分布】各地常见。

中文名：**枳**

拉丁名：*Citrus trifoliata*

拼音：zhǐ

科名：芸香科 Rutaceae

属名：柑橘属 *Citrus*

1 枝具粗大、腋生的单刺，幼枝扁而起棱。
2 落叶灌木至小乔木；柑果密被短柔毛，熟时橙黄色。
3 萼片5，花瓣白色，5片，雄蕊离生，花柱短，柱头头状。
4 叶互生，叶柄具翼，指状三出复叶，小叶缘具钝齿或近全缘。

【花期】5～6月。

【果期】10～11月。

【分布】柑、橙产区多有栽培（原产我国中部）。

中文名：**葛**

拉丁名：*Pueraria montana* var. *lobata*

拼音：gé

科名：豆科 Fabaceae

属名：葛属 *Pueraria*

别名：野葛

1 总状花序腋生；花冠紫色，翼瓣较龙骨瓣短。
2 荚果被黄褐色长硬毛。
3 叶为羽状 3 小叶，被毛，侧生小叶全缘或浅裂。
4 多年生草质藤本，茎基部木质，块根粗厚。
5 相似分类群：越南葛藤（*Pueraria montana* var. *montana*），翼瓣长于龙骨瓣；侧生小叶常全缘，顶生小叶长大于宽。

【花果期】9～12 月。

【生境】生于林缘、路旁或疏林中。

【分布】漳州市（南靖县、平和县）、龙岩市（连城县、长汀县）、三明市（永安市、沙县）、南平市（建阳区、武夷山市）等地。

中文名：**常春油麻藤**

拉丁名：*Mucuna sempervirens*

拼音：cháng chūn yóu má téng

科名：豆科 Fabaceae

属名：黧豆属 *Mucuna*

别名：常春黎豆

1 总状花序生于老茎上。
2 荚果木质，带状，扁平，被毛，种子间缢缩。
3 花冠深紫色，龙骨瓣最长，弯曲。
4 羽状复叶，小叶 3，革质。
5 木质藤本。

摄影：1. 朱鑫鑫

【花果期】4～10 月。

【生境】生于山坡灌丛中。

【分布】福州市、漳州市（南靖县）、三明市（沙县、永安市）、南平市等地。

中文名：大血藤

拉丁名：*Sargentodoxa cuneata*

拼音：dà xuè téng

科名：木通科 Lardizabalaceae

属名：大血藤属 *Sargentodoxa*

1　萼片 6，花瓣状；花瓣 6，甚微小，蜜腺状；雄蕊 6，分离。
2　花排成下垂的总状花序，单性，雌雄异株。
3　叶互生，三出复叶，小叶全缘，顶生小叶菱状卵形，侧生小叶斜卵形，小叶几无柄。
4　落叶藤本；老茎有时纵列，折断后有红色汁液。

【花期】3～7 月。

【果期】6～10 月。

【生境】生于山谷疏林中或林缘溪旁灌丛中。

【分布】各地常见。

中文名：**白木通**

拉丁名：*Akebia trifoliata* subsp. *australis*

拼音：bái mù tōng

科名：木通科 Lardizabalaceae

属名：木通属 *Akebia*

1 花腋生，雌雄同株且同序，排成下垂的总状花序；雌花生于花序基部，较大；雄花生于花序上部，较雌花小。

2 浆果椭圆形，熟时灰白色，稍带淡紫色，成熟时开裂。

3 雌花萼片3，紫黑色，无花被，心皮离生，柱头盾状。

4 种子黑褐色，扁圆形。

5 木质藤本；叶互生，三出羽状复叶，小叶厚革质，全缘或近全缘。

【花期】4～5月。

【果期】6～9月。

【生境】生于山野灌丛、溪边、沟谷的疏林中近阴湿地。

【分布】南平市（建阳区、武夷山市）、三明市（泰宁县）等地。

中文名：**金樱子**
拉丁名：*Rosa laevigata*

拼音：jīn yīng zi
科名：蔷薇科 Rosaceae
属名：蔷薇属 *Rosa*

1 花单生侧枝顶，花瓣白色，5 数，心皮多数，离生，雄蕊多数。
2 花托、花梗密生细针刺，无毛。
3 羽状复叶常有小叶 3；瘦果生于肉质萼筒内形成蔷薇果。
4 萼片先端呈叶状，常有刺毛和腺毛。
5 枝条有下弯皮刺。
6 常绿攀缘灌木。

【花期】4 月。
【果期】9 月。
【生境】生于山坡、路旁、田边灌木丛中。
【分布】各地可见。

中文名：茅　莓

拉丁名：*Rubus parvifolius*

拼音：máo méi

科名：蔷薇科 Rosaceae

属名：悬钩子属 *Rubus*

1　花数朵组成伞房状，花萼外被尖刺，花瓣紫红色。
2　聚合果球形，被疏毛或无毛。
3　小叶叶背密被灰白色绒毛。
4　攀缘灌木；叶互生，羽状复叶有小叶 3～5，托叶线形。

【花期】4～6 月。

【果期】5～8 月。

【生境】生于灌木丛中。

【分布】各地常见。

中文名：**飞龙掌血**

拉丁名：*Toddalia asiatica*

拼音：fēi lóng zhǎng xuè

科名：芸香科 Rutaceae

属名：飞龙掌血属 *Toddalia*

1 聚伞花序圆锥状；花单性，黄绿色，雄花花瓣和雄蕊 4～5，雌蕊退化。
2 核果近圆球形，肉质，果皮平滑。
3 枝有皮刺；叶互生，指状三出复叶，小叶无柄。
4 木质藤本，蔓生；茎具皮刺。

摄影：1. 罗萧

【花期】全年可见，主要集中于春夏季。

【果期】秋冬季。

【生境】生于海拔 2000m 以下的山坡疏林及林缘灌丛中。

【分布】各地可见。

中文名：**木　棉**

拉丁名：*Bombax ceiba*

拼音：mù mián

科名：木棉科 Bombacaceae

属名：木棉属 *Bombax*

别名：英雄树、攀枝花

1　花单生枝顶叶腋，通常红色，有时橙红色。
2　蒴果长圆状椭圆形，木质，成熟后5瓣开裂，内有丝状绵毛。
3　种子倒卵形，光滑。
4　萼齿3～5，花瓣5，肉质；雄蕊多数，外轮集生为5束。
5　叶为掌状复叶，小叶5～7，具柄，全缘，无毛。
6　落叶大乔木，幼树树干有圆锥状硬刺；叶互生。

【花期】3～4月。

【果期】夏季。

【分布】常见栽培。

中文名：鹅掌柴

拉丁名：*Schefflera heptaphylla*

拼音：é zhǎng chái

科名：五加科 Araliaceae

属名：鹅掌柴属 *Schefflera*

1　伞形花序再组成顶生圆锥花序；花瓣和雄蕊均为5～6，花盘平。
2　果圆球形，宿存花柱粗短，柱头头状。
3　幼树掌状复叶的小叶片常有锯齿或呈羽状分裂。
4　乔木或灌木；叶互生，掌状复叶具6～11小叶，常全缘。

【花期】11月至次年1月。
【果期】12月至次年2月。
【生境】生于海拔800m以下的林中、林缘，有时亦生于阳坡。
【分布】漳州市（南靖县、长泰县）、龙岩市（漳平市）、泉州市（永春县）、福州市（长乐区、永泰县）、宁德市（福鼎市、福安市）等地。

中文名：细柱五加

拉丁名：*Eleutherococcus nodiflorus*

拼音：xì zhù wǔ jiā

科名：五加科 Araliaceae

属名：五加属 *Eleutherococcus*

别名：五加

1　灌木；果扁圆球形，熟时蓝黑色，宿存花柱反曲。

2　花果序腋生或生于短枝顶端，果具5棱；小枝上被反曲扁刺。

3　掌状复叶常具小叶5，叶在长枝上互生，在短枝上簇生；小叶倒卵形至倒披针形，缘具钝齿。

【花期】4～8月。

【果期】6～10月。

【生境】生于海拔200～1000m的灌丛、林缘、山坡路旁和村落附近。

【分布】龙岩市（上杭县、长汀县）、三明市（将乐县、泰宁县、建宁县）、南平市（武夷山市）等地。

尾叶那藤

中文名：尾叶那藤

拉丁名：*Stauntonia obovatifoliola* subsp. *urophylla*

拼音：wěi yè nà téng

科名：木通科 Lardizabalaceae

属名：野木瓜属 *Stauntonia*

1　雄花萼片 6，无花瓣，雄蕊 6，花丝全部合生，药隔顶端凸尖。
2　攀缘灌木，全株无毛；浆果卵圆形，熟时橙黄色。
3　花单性，雌雄异株，排成腋生的总状花序。
4　掌状复叶互生，小叶 3～9，顶端长尾尖，倒卵形至长圆状倒披针形，全缘，侧脉和网脉通常在上面明显凹下。

摄影：1、3．罗萧

【花期】4 月。

【果期】6～7 月。

【生境】生于山坡路旁或沟谷林缘灌丛中。

【分布】三明市（永安市、宁化县）、南平市（建瓯市）等地。

中文名：扁担藤

拉丁名：*Tetrastigma planicaule*

拼音：biǎn dan téng

科名：葡萄科 Vitaceae

属名：崖爬藤属 *Tetrastigma*

1 卷须粗壮，不分叉。

2 浆果肉质，近球形，熟时暗黄色。

3 叶为掌状复叶，互生，有小叶 5；小叶具柄，厚纸质，边缘有浅波状锯齿。

4 攀缘大灌木，全株无毛；茎呈带状压扁。

【花期】4～5 月。

【果期】6～11 月。

【生境】生于山谷密林中，常攀附于大树上。

【分布】漳州市（漳浦县、南靖县）、福州市（永泰县）等地。

中文名：**伯乐树**

拉丁名：*Bretschneidera sinensis*

拼音：bó lè shù

科名：伯乐树科 Bretschneideraceae

属名：伯乐树属 *Bretschneidera*

1　花粉红色或淡粉红色，花萼钟形，花瓣 5，雄蕊 5～9，花柱有柔毛。
2　蒴果椭圆球形或近球形，熟时 3 瓣裂；种子近球形，橙红色。
3　叶为奇数羽状复叶，小叶对生或下部互生，薄革质，全缘，下面灰白色，被短柔毛。
4　落叶大乔木；叶互生；总状花序顶生。

【花期】3～9 月。

【果期】8 月至次年 4 月。

【生境】零散生于海拔 300～800m 的山坡林中或林缘。

【分布】龙岩市（连城县）、三明市（永安市、沙县、泰宁县、建宁县）、福州市（罗源县）、宁德市（古田县）、南平市（武夷山市、邵武市）等地。

中文名：**望江南**

拉丁名：*Senna occidentalis*

拼音：wàng jiāng nán

科名：豆科 Fabaceae

属名：番泻决明属 *Senna*

1 直立灌木或半灌木；总状花序腋生或顶生，花瓣 5，黄色，雄蕊 10，3 枚不育，子房被短毛。
2 荚果扁，带状镰形，熟时黑褐色。
3 种子扁，卵形。
4 偶数羽状复叶互生，小叶 3～5 对，薄纸质，卵状披针形或卵形，两面无毛。
5 叶柄基部具圆锥形、暗褐色的大型腺体 1 枚。

摄影：1. 刘冰

【花期】4～8 月。

【果期】6～10 月。

【生境】生于山坡草地、路旁或疏林下。

【分布】厦门市、漳州市（云霄县）、龙岩市（上杭县、漳平市、连城县）、福州市、三明市（大田县、永安市）等地。

中文名：**红豆树**

拉丁名：*Ormosia hosiei*

拼音：hóng dòu shù

科名：豆科 Fabaceae

属名：红豆属 *Ormosia*

别名：何氏红豆

1 圆锥花序；蝶形花冠白色或淡粉色，雄蕊 10。
2 种子鲜红色，种脐长 9～10mm。
3 花萼密被短柔毛，宿存；荚果木质，具 1～2 粒种子。
4 裸芽被褐色毛。
5 奇数羽状复叶，小叶对生，幼叶疏被细毛，后近无毛。
6 常绿或落叶乔木。

【花果期】4～11 月。

【生境】生于山脚路旁、河旁林边。

【分布】三明市（永安市）、福州市等地。

中文名：**花榈木**

拉丁名：*Ormosia henryi*

拼音：huā lǚ mù

科名：豆科 Fabaceae

属名：红豆属 *Ormosia*

别名：亨氏红豆

1 叶互生，奇数羽状复叶，小叶2~3对，革质，背面密被短柔毛，叶缘微反卷。
2 荚果扁平，长椭圆形，顶端有喙，无毛；种子常4~8粒，鲜红色。
3 常绿乔木，小枝、叶轴、花序轴被茸毛。

【花期】6~7月。

【果期】10~11月。

【生境】生于杂木林中或灌丛中。

【分布】莆田市（仙游县）、龙岩市（连城县）、三明市（永安市、沙县、泰宁县）、南平市（建阳区、武夷山市）等地。

中文名：黄 檀

拉丁名：*Dalbergia hupeana*

拼音：huáng tán

科名：豆科 Fabaceae

属名：黄檀属 *Dalbergia*

1 圆锥花序顶生；蝶形花冠淡紫色或白色，雄蕊 10，子房无毛。
2 荚果长圆形，扁平，不开裂。
3 乔木；羽状复叶互生，小叶 7～11，长圆形或宽椭圆形。

【花期】5～6 月。

【果期】9～10 月。

【生境】生于山坡杂木林中。

【分布】厦门市、莆田市（仙游县）、福州市（永泰县）、三明市（永安市）、南平市等地。

中文名：**庭　藤**

拉丁名：*Indigofera decora*

拼音：tíng téng

科名：豆科 Fabaceae

属名：木蓝属 *Indigofera*

别名：岩藤

1　总状花序腋生；蝶形花冠粉红色或淡紫红色，长 1.2～1.6cm。
2　荚果圆柱状，无毛，成熟时棕黑色。
3　灌木；叶为奇数羽状复叶，小叶常 3～7 对，常对生，先端具小尖头，下面被平贴白色“丁”字毛。

【花期】5 月。

【果期】10 月。

【生境】生于山坡灌木丛中或林下路旁。

【分布】漳州市（云霄县）、龙岩市（武平县）、三明市（泰宁县）、南平市（武夷山市、浦城县）等地。

中文名：**皂 荚**

拉丁名：*Gleditsia sinensis*

拼音：zào jiá

科名：豆科 Fabaceae

属名：皂荚属 *Gleditsia*

1 总状花序；花杂性；两性花，花萼花瓣各 4，雄蕊 8，子房条形。
2 树干和分枝常有单生或分枝的粗刺。
3 一回羽状复叶，小叶近对生，缘具细齿。
4 落叶乔木；荚果带状，常被白色粉霜，果肉稍厚。

【花期】5～6 月。

【果期】10 月。

【生境】生于路旁、沟旁、宅旁或向阳处。

【分布】福州市、南平市等地。

中文名：**枫　杨**　　拼音：fēng yáng

拉丁名：*Pterocarya stenoptera*　　科名：胡桃科 Juglandaceae

属名：枫杨属 *Pterocarya*

1　花单性，雌雄同株；雌花序生于枝顶；雌花有花被片 4，花柱 2 裂。
2　果序下垂。
3　坚果具由小苞片发育而成的翅。
4　落叶乔木；雄花序生于叶腋；雄花有花被片 1～4，雄蕊 6～18。
5　叶互生，奇数羽状复叶，叶轴具狭翅，小叶有锯齿。

【花期】4 月。

【果期】9 月。

【生境】生于海拔 1500m 以下的溪旁、河滩或阴湿坡地。

【分布】各地常见。

中文名：**化香树**

拉丁名：*Platycarya strobilacea*

拼音：huà xiāng shù

科名：胡桃科 Juglandaceae

属名：化香树属 *Platycarya*

1 两性花序和雄花序在小枝顶端排列成伞房状花序簇；两性花序常 1 条，雌花序位于下部。
2 果序卵状圆柱形；有翅小坚果直立于苞片腹面。
3 雄花序通常 3～8 条，位于两性花序下方四周。
4 小叶 7～15，顶端长渐尖，基部偏斜。
5 落叶乔木。

【花期】5 月。

【果期】9～10 月。

【生境】常生于海拔 600～1300m 的向阳山坡、杂木林中。

【分布】南平市（武夷山市、浦城县）、三明市（沙县）、福州市、宁德市（霞浦县）。

中文名：**黄 杞**

拉丁名：*Engelhardia roxburghiana*

拼音：huáng qǐ

科名：胡桃科 Juglandaceae

属名：黄杞属 *Engelhardia*

别名：少叶黄杞

1 花雌雄同株，雄花序常数个集生枝顶，排成下垂的圆锥状。
2 坚果无翅；宿存苞片在花后膨大呈翅状，薄膜质，3 裂，中央裂片长。
3 偶数羽状复叶互生，小叶全缘。
4 常绿乔木，树皮灰黄色，略平滑。

摄影：1. 朱鑫鑫

【花期】4～5 月。

【果期】9～10 月。

【生境】常生于海拔 200～1500m 的林中或林缘。

【分布】各地较常见。

中文名：**青钱柳**

拉丁名：*Cyclocarya paliurus*

拼音：qīng qián liǔ

科名：胡桃科 Juglandaceae

属名：青钱柳属 *Cyclocarya*

1 雄花序 2～4 个簇生叶腋。

2 花单性，雌雄同株；雌花序单生于枝顶；雌花有花被片 4，花柱 2 裂。

3 叶互生，奇数羽状复叶，叶轴无翅。

4 果实为坚果，有盘状圆翅。

5 落叶乔木，枝条髓心层片状。

【花期】4～5 月。

【果期】7～9 月。

【生境】生于山地湿润的森林中。

【分布】漳州市（平和县）、泉州市（永春县）、三明市（建宁县）、南平市（武夷山市）。

中文名：**臭 椿**

拉丁名：*Ailanthus altissimus*

拼音：chòu chūn

科名：苦木科 Simaroubaceae

属名：臭椿属 *Ailanthus*

别名：樗

1 圆锥花序；花杂性，淡绿色，萼片和花瓣均为 5 数，雄蕊 10，心皮 5。
2 翅果长椭圆形，种子位于翅果近中部。
3 叶大型，互生，羽状复叶有小叶 13～27，纸质，卵形至卵状披针形。
4 小叶对生或近对生，仅基部有 1～2 对粗锯齿，齿端各有一腺体。
5 落叶乔木，树皮平滑。

【花期】4～6 月。

【果期】6～10 月。

【生境】生于山地疏林中。

【分布】各地常见。

中文名：**苦　树**

拉丁名：*Picrasma quassioides*

拼音：kǔ shù
科名：苦木科 Simaroubaceae
属名：苦木属 *Picrasma*
别名：苦木

1　聚伞花序腋生；花单性，雄花萼片、花瓣和雄蕊均为4～5数。
2　小核果卵球形，干时皱缩，花萼稍增大宿存。
3　落叶小乔木或灌木；奇数羽状复叶互生，小叶卵形至长圆状卵形，缘具齿。
4　叶背中脉、叶轴和叶柄被微柔毛。

【花期】4月。

【果期】7～8月。

【生境】生于湿润的阔叶林中。

【分布】西北部山区。

中文名：**麻　楝**

拉丁名：*Chukrasia tabularis*

拼音：má liàn

科名：楝科 Meliaceae

属名：麻楝属 *Chukrasia*

1　花瓣 5，黄色或略带紫色，雄蕊管圆筒形，无毛，花药 10，柱头头状。
2　落叶乔木，蒴果室间开裂为 3～4 个果爿。
3　蒴果近球形或椭圆形，表面有小疣点。
4　圆锥花序顶生；叶通常为偶数羽状复叶，小叶互生，纸质，基部偏斜，全缘。

【花期】4～5 月。

【果期】7 月至次年 1 月。

【分布】部分地区有栽培。

中文名：**香 椿**

拉丁名：*Toona sinensis*

拼音：xiāng chūn

科名：楝科 Meliaceae

属名：香椿属 *Toona*

1 落叶乔木；圆锥花序大型顶生，下垂；花白色，萼裂片和花瓣均为5数。
2 蒴果狭椭圆形，木质，具明显皮孔，成熟时5瓣开裂；种子一端具膜质长翅。
3 小枝粗壮被白粉。
4 叶互生，偶数羽状复叶，小叶对生，纸质，全缘或具不明显钝锯齿。

摄影：2. 朱鑫鑫

【花期】5～10月。

【果期】8月至次年1月。

【分布】各地可见零散生长或栽培。

中文名：**小叶红叶藤**

拉丁名：*Rourea microphylla*

拼音：xiǎo yè hóng yè téng

科名：牛栓藤科 Connaraceae

属名：红叶藤属 *Rourea*

别名：红叶藤

1 圆锥花序，丛生叶腋。
2 叶背面灰白，无毛，中脉隆起。
3 羽状复叶互生，通常有小叶 9～11，小叶卵形至椭圆形，顶端短渐尖至钝，基部常偏斜。
4 攀缘灌木，嫩枝、叶朱红色，艳丽，成长叶变绿色。

【花期】3～8 月。

【果期】6～12 月。

【生境】生于林缘或疏林中。

【分布】南部、中部常见。

中文名：**黄连木**

拉丁名：*Pistacia chinensis*

拼音：huáng lián mù

科名：漆树科 Anacardiaceae

属名：黄连木属 *Pistacia*

1 花先于叶开放，排成腋生的圆锥花序；花小，雌雄异株；雌花花柱短，柱头3裂。

2 核果倒卵状球形，略压扁，成熟时紫红色。

3 落叶乔木；羽状复叶互生。

4 小叶对生或近对生，纸质，顶端渐尖，基部偏斜，全缘。

摄影：1. 刘冰

【花期】2～3月。

【果期】6～7月。

【生境】生于海拔800m以下的山地林中，也常见于石灰岩山地的岩隙间。

【分布】各地常见。

中文名：**南酸枣**

拼音：nán suān zǎo

拉丁名：*Choerospondias axillaris*

科名：漆树科 Anacardiaceae

属名：南酸枣属 *Choerospondias*

1　雄花排成腋生或近顶生的聚伞状圆锥花序；雌花常单生上部叶腋。
2　核果椭圆形或倒卵状椭圆形，被白粉。
3　雄花花萼和花瓣5数，萼缘具睫毛，雄蕊10。
4　奇数羽状复叶，小叶全缘或萌蘖枝上缘具粗锯齿，两面无毛。
5　落叶乔木。
6　果核顶端有5个小孔。

【花期】5～6月。

【果期】8～9月。

【生境】生于山地丘陵林中或沟谷林缘。

【分布】各地常见。

中文名：**木蜡树**

拉丁名：*Toxicodendron sylvestre*

拼音：mù là shù

科名：漆树科 Anacardiaceae

属名：漆树属 *Toxicodendron*

1　核果扁圆形，无毛或疏被短刺毛。
2　具白色乳汁，含漆酚。
3　奇数羽状复叶，小叶对生，纸质，先端渐尖或急头。
4　叶背面密被柔毛，缘具缘毛，叶轴被黄褐色微硬毛。
5　落叶小乔木或灌木；圆锥花序生于叶腋，不及叶长；叶互生。

【花期】5～6 月。

【果期】9～10 月。

【生境】生于海拔 1500m 以下的山地林中、林缘或山坡灌丛。

【分布】各地常见。

中文名：**野　漆**

拉丁名：*Toxicodendron succedaneum*

拼音：yě qī

科名：漆树科 Anacardiaceae

属名：漆树属 *Toxicodendron*

1　两性（雌）花花萼、花瓣 5 数，花柱 1，柱头 3 裂，雄蕊 5。
2　雄花花萼、花瓣和雄蕊均为 5 数。
3　核果偏斜，压扁，无毛，有光泽。
4　小叶叶背无毛，先端渐尖至长渐尖。
5　花杂性；圆锥花序生于叶腋，不及叶长；叶互生。
6　落叶小乔木或灌木；奇数羽状复叶，小叶对生。

【花期】5～6 月。

【果期】8～9 月。

【生境】生于海拔 1500m 以下的山地灌丛、林缘或林中。

【分布】各地极常见。

中文名：**盐肤木**

拉丁名：*Rhus chinensis*

拼音：yán fū mù

科名：漆树科 Anacardiaceae

属名：盐肤木属 *Rhus*

别名：五倍子树

1 雌花花瓣5，白色，花柱3。
2 核果球形，略压扁，被柔毛和腺毛。
3 雄花花瓣、花萼和雄蕊均为5数，花序轴密被锈色柔毛。
4 奇数羽状复叶，小叶边缘具粗锯齿或圆齿，叶轴具宽的叶状翅。
5 落叶灌木或小乔木；叶互生；花单性，排成圆锥花序。

【花期】7～9月。

【果期】10～11月。

【生境】生于海拔1500m以下的向阳山坡、沟谷、溪边的疏林边或灌丛中。

【分布】各地极多见。

硕苞蔷薇

中文名：硕苞蔷薇
拉丁名：*Rosa bracteata*
拼音：shuò bāo qiáng wēi
科名：蔷薇科 Rosaceae
属名：蔷薇属 *Rosa*

1　花单生，花瓣白色，花柱比雄蕊短。
2　蔷薇果球形，密被毛；枝条有皮刺。
3　羽状复叶具 5～9 枚革质小叶。
4　铺散常绿灌木，有长匍匐枝。

【花期】5 月。
【果期】9 月。
【生境】生于灌木丛中。
【分布】厦门市、莆田市、福州市（长乐区、永泰县、福清市）等地。

中文名：**荔 枝**

拉丁名：*Litchi chinensis*

拼音：lì zhī

科名：无患子科 Sapindaceae

属名：荔枝属 *Litchi*

1 雄花花萼 4～5 浅裂，无花瓣，花盘碟状，雄蕊 6～11。
2 果为核果状，熟时暗红色；种子具白色肉质的假种皮。
3 两性花花萼 4～5 裂，无花瓣，花盘碟状，子房常 2 室。
4 叶互生，羽状复叶具 2～3 对小叶，下面粉绿色。
5 圆锥花序顶生或腋生，花杂性；树皮光滑。

【花期】4 月。

【果期】8 月。

【分布】中部、南部习见栽培。

中文名：**龙　眼**

拉丁名：*Dimocarpus longan*

拼音：lóng yǎn

科名：无患子科 Sapindaceae

属名：龙眼属 *Dimocarpus*

别名：桂圆、桂元

1　雄花花萼和花瓣5数，花盘碟状，雄蕊常为8。
2　圆锥花序顶生或腋生，花杂性。
3　两性花花萼和花瓣5数，花盘碟状，子房2～3室，雄蕊常为8。
4　果为核果状，熟时土黄色；种子具白色肉质近透明的假种皮。
5　羽状复叶具3～6对小叶，小叶近对生或互生，下面灰绿色。
6　常绿乔木，树皮粗糙；叶互生，叶为羽状复叶。

【花期】4月。

【果期】8月。

【分布】中部、南部习见栽培。

中文名：**无患子**

拉丁名：*Sapindus saponaria*

拼音：wú huàn zi

科名：无患子科 Sapindaceae

属名：无患子属 *Sapindus*

1　雌花或两性花，雄蕊短于花瓣，子房无毛。
2　果深裂为3分果爿，发育果爿近球形，成熟时黄色或橙黄色；种子球形，黑色。
3　圆锥花序顶生；花小，杂性，淡黄绿色。
4　雄花花萼和花瓣均为5数，雄蕊8。
5　落叶大乔木；叶互生，羽状复叶，小叶互生或对生，无毛，全缘。

【花期】春季。

【果期】夏秋季。

【分布】各地习见。

中文名：**阔叶十大功劳**

拉丁名：*Mahonia bealei*

拼音：kuò yè shí dà gōng láo

科名：小檗科 Berberidaceae

属名：十大功劳属 *Mahonia*

1　总状花序直立，6～9 个簇生；花黄色。
2　浆果卵圆形，熟时深蓝色，具白粉。
3　萼片 9，排成 3 轮，花瓣 6 片，排成 2 轮，雄蕊 6，花药瓣裂，花柱 1。
4　常绿灌木；叶互生，常聚集生于茎的上部，一回奇数羽状复叶，小叶 9～15，厚革质，小叶卵形、广卵形或卵状椭圆形，缘每侧有 2～8 刺状锐齿。

【花期】12 月至次年 4 月。

【果期】4～7 月。

【生境】生于山谷林下阴湿地或林缘路旁灌丛中。

【分布】各地常见。

中文名：**藤黄檀**

拉丁名：*Dalbergia hancei*

拼音：téng huáng tán

科名：豆科 Fabaceae

属名：黄檀属 *Dalbergia*

1　圆锥花序腋生；花萼钟形，蝶形花冠绿白色，雄蕊 9，单体。
2　荚果舌状，扁平，不开裂；种子 1～4 粒。
3　小枝有时变钩状或旋扭；叶为羽状复叶，小叶 7～13。
4　木质藤本。

【花果期】3～9 月。

【生境】生于山坡灌丛中或溪沟边。

【分布】漳州市（南靖县）、厦门市、龙岩市（连城县）、三明市（大田县、永安市、沙县）、宁德市（福安市）、南平市（邵武市）等地。

中文名：网络鸡血藤

拉丁名：*Callerya reticulata*

拼音：wǎng luò jī xuè téng

科名：豆科 Fabaceae

属名：鸡血藤属 *Callerya*

别名：网络崖豆藤

1　圆锥花序顶生；蝶形花冠紫色或玫瑰红色，无毛，雄蕊二体（9+1）。
2　荚果条形，扁平，无毛，种子间缢缩。
3　叶为羽状复叶，小叶对生。
4　木质藤本。

【花果期】5～10月。

【生境】生于灌丛中或疏林下。

【分布】漳州市（南靖县、平和县、长泰县）、龙岩市（武平县、连城县）、泉州市（德化县）、福州市（永泰县）、三明市（永安市）、南平市（建阳区、武夷山市、浦城县）等地。

中文名：**中南鱼藤**

拉丁名：*Derris fordii*

拼音：zhōng nán yú téng

科名：豆科 Fabaceae

属名：鱼藤属 *Derris*

1　蝶形花冠白色，旗瓣近圆形，顶端微缺，翼瓣一侧有耳，雄蕊 10，单体。
2　荚果薄革质，长椭圆形至舌状长椭圆形，扁平，无毛，沿两缝线具翅。
3　圆锥花序腋生。
4　藤本；羽状复叶互生，小叶 2～3 对，厚纸质或薄革质，两面无毛。

【花期】4～6 月。

【果期】10～11 月。

【生境】生于山坡灌丛中、疏林中或溪边。

【分布】龙岩市（长汀县）、三明市（泰宁县、永安市、沙县）、南平市等地。

中文名：紫　藤

拉丁名：*Wisteria sinensis*

拼音：zǐ téng

科名：豆科 Fabaceae

属名：紫藤属 *Wisteria*

别名：藤花

1　总状花序下垂；花紫色，旗瓣近圆形。
2　荚果扁平，长条形，密被绒毛。
3　奇数羽状复叶，小叶常对生，幼时两面被毛。
4　木质、落叶缠绕藤本。

【花果期】4～7月。

【生境】生于沟谷林缘或林缘溪边。

【分布】三明市（永安市）、南平市（建瓯市、延平区、松溪县、武夷山市）等地，常见栽培。

中文名：**广东蛇葡萄**

拉丁名：*Ampelopsis cantoniensis*

拼音：guǎng dōng shé pú táo

科名：葡萄科 Vitaceae

属名：蛇葡萄属 *Ampelopsis*

1 花序与叶对生；花瓣和雄蕊均为 5 数，花盘浅杯状。
2 浆果倒卵状扁球形，成熟时紫黑色。
3 叶为一回羽状复叶，或为二回羽状复叶，小叶缘有不明显的钝齿，背面苍白色，常被白粉。
4 木质藤本；叶互生。

摄影：1、3. 朱鑫鑫

【花期】6～8 月。

【果期】8～11 月。

【生境】生于山坡灌丛或疏林中。

【分布】各地可见。

中文名：

粉团蔷薇

拉丁名：*Rosa multiflora* var. *cathayensis*

拼音：fěn tuán qiáng wēi
科名：蔷薇科 Rosaceae
属名：蔷薇属 *Rosa*

1 花粉红色至紫红色，大型，单瓣，花柱合生成柱状，与雄蕊近等长。
2 藤状灌木，疏生下弯皮刺；羽状复叶有小叶 5～9。
3 小叶下面被疏毛，叶轴疏生柔毛、腺毛及皮刺；花梗、苞片疏生腺毛。
4 托叶线形，篦齿状细裂且疏生腺毛，与叶柄贴生。

【花期】4～5 月。
【生境】生于山坡路旁灌木丛中。
【分布】各地可见。

中文名：**软条七蔷薇**

拉丁名：*Rosa henryi*

拼音：ruǎn tiáo qī qiáng wēi

科名：蔷薇科 Rosaceae

属名：蔷薇属 *Rosa*

1 伞房花序多花，顶生；花瓣白色，花柱合生与雄蕊近等长。
2 果近圆球形，熟时红色，无毛，萼片脱落。
3 花托生腺毛和柔毛，有时近无毛。
4 托叶线形，全缘常疏生腺毛，与叶柄贴生。
5 蔓性灌木；羽状复叶有小叶 5。

【花期】4～5 月。

【果期】10 月。

【生境】生于山坡灌丛中。

【分布】各地可见。

中文名：

小果蔷薇

拉丁名：*Rosa cymosa*

拼音：xiǎo guǒ qiáng wēi

科名：蔷薇科 Rosaceae

属名：蔷薇属 *Rosa*

1　常绿攀缘灌木；叶互生；伞房花序顶生；花瓣白色，花柱伸出花托口。
2　蔷薇果小，近圆球形，成熟时红色。
3　枝条有下弯皮刺，无毛。
4　花托无毛，花萼篦齿状条裂，内面密被柔毛。
5　羽状复叶常有 3～7 小叶，托叶线状披针形，仅基部与叶柄贴生。

【花期】4～5 月。

【果期】7～8 月。

【生境】生于山坡、路旁、田边、水沟边的灌丛中。

【分布】各地可见。

中文名：**两面针**

拉丁名：*Zanthoxylum nitidum*

拼音：liǎng miàn zhēn

科名：芸香科 Rutaceae

属名：花椒属 *Zanthoxylum*

1　花单性；雄花组成圆锥花序，生于叶腋，花瓣、花萼、雄蕊均为 4 数。
2　蓇葖有粗大腺点。
3　蓇葖成熟时开裂；种子球形，黑色，光亮。
4　木质藤本；羽状复叶有小叶 5～11，小叶对生。
5　叶轴两面有锐刺。

【花期】3～5 月。

【果期】9～11 月。

【生境】生于海拔 800m 以下山地、丘陵、平地的疏林、灌丛中。

【分布】沿海可见。

中文名：**海红豆**

拉丁名：*Adenanthera microsperma*

拼音：hǎi hóng dòu
科名：豆科 Fabaceae
属名：海红豆属 *Adenanthera*
别名：红豆、孔雀豆

1　花小，绿白色，后变黄色，花瓣 5 片，辐射对称，雄蕊 10，子房具柄。
2　落叶乔木，全株有毒；荚果带状，开裂后果瓣旋扭；种子鲜红色。
3　叶互生，为二回羽状复叶，羽片 3～12 对，对生或近对生，小叶互生。
4　总状花序腋生或排成顶生圆锥花序。

【花果期】4～11 月。

【生境】生于山坡、林中或山溪边。

【分布】漳州市（龙海市、华安县）等地。

中文名：合 欢

拉丁名：*Albizia julibrissin*

拼音：hé huān

科名：豆科 Fabaceae

属名：合欢属 *Albizia*

1 落叶乔木；花序呈头状；花辐射对称，淡红色，雄蕊多数。
2 荚果带形，扁平。
3 种子扁平，具马蹄形痕。
4 叶为二回羽状复叶。
5 小叶镰形或斜长圆形，中脉靠近上部边缘。

【花果期】5～9月。

【生境】生于贫瘠砂质地。

【分布】泉州市（德化县）、福州市、南平市（建瓯市、建阳区、武夷山市）等地。

中文名：**山　槐**

拉丁名：*Albizia kalkora*

拼音：shān huái

科名：豆科 Fabaceae

属名：合欢属 *Albizia*

别名：山合欢

1　头状花序生于上部叶腋或多个排成伞房花序；花冠白色，5裂，雄蕊多数，淡紫红色。
2　落叶乔木；荚果带形，扁平。
3　二回羽状复叶互生，羽片1～3对，小叶5～14对，斜长圆形，两面被短柔毛。

【花果期】5～9月。

【生境】生于丘陵地、石灰岩、疏林中、山坡灌丛中。

【分布】泉州市（德化县）、三明市（沙县、泰宁县）、南平市（武夷山市、顺昌县）等地。

中文名：亮叶猴耳环

拉丁名：*Archidendron lucidum*

拼音：liàng yè hóu ěr huán

科名：豆科 Fabaceae

属名：猴耳环属 *Archidendron*

1 花冠常 5 裂，辐射对称，雄蕊多数，细长。
2 荚果黄褐色，卷成环状；种子黑色，种柄丝状。
3 头状花序球形，再排成总状花序或圆锥花序。
4 叶为二回羽状复叶，羽片 1～2 对，小叶互生或近对生。
5 乔木。

【花果期】4～12 月。

【生境】生于山坡疏林中、林缘。

【分布】漳州市（南靖县）、龙岩市（连城县、漳平市）、福州市（永泰县）、莆田市（仙游县）、三明市（永安市、沙县）、宁德市（福安市）、南平市等地。

中文名：**银合欢**

拉丁名：*Leucaena leucocephala*

拼音：yín hé huān

科名：豆科 Fabaceae

属名：银合欢属 *Leucaena*

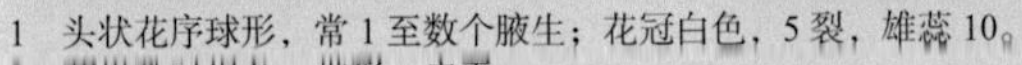

1　头状花序球形，常 1 至数个腋生；花冠白色，5 裂，雄蕊 10。
2　荚果熟时褐色，带形，扁平。
3　落叶灌木或小乔木；二回偶数羽状复叶互生，羽片 4～6 对。
4　种子深褐色，卵形，扁平，有光泽。
5　小叶线状长圆形，顶端急尖，基部楔形，中脉两侧不对称。

【花果期】5～12 月。

【生境】生于山坡路旁或河边。

【分布】福州市、厦门市（同安区）、泉州市等地有栽培，亦有逸为野生（原产于美洲热带）。

中文名：**楝**

拉丁名：*Melia azedarach*

拼音：liàn

科名：楝科 Meliaceae

属名：楝属 *Melia*

别名：苦楝

1 花瓣5片，淡紫色，雄蕊管紫色，管口10～12裂，雄蕊生于裂片内侧。
2 核果球形至椭圆形。
3 果成熟时蜡黄色，长1～2cm。
4 叶为二（三）回奇数羽状复叶，小叶对生，缘有钝锯齿。
5 内果皮近骨质。
6 落叶乔木；叶互生；圆锥花序腋生，略短于叶。

【花期】3～5月。

【果期】10～12月。

【生境】生于低海拔旷野、路旁或疏林中。

【分布】各地可见。

中文名：**长刺楤木**

拉丁名：*Aralia spinifolia*

拼音：cháng cì sǒng mù

科名：五加科 Araliaceae

属名：楤木属 *Aralia*

1　花萼、花瓣和雄蕊 5 数，子房 5 室，花柱 5。
2　果卵圆形，具 5 棱，黑褐色，花柱宿存。
3　花序轴和总花梗均密被刺和刺毛。
4　枝被疏长或短的扁刺，并密被刺毛。
5　灌木；叶互生，大型，二回羽状复叶；伞形花序组成大圆锥花序。

【花期】8～10 月。

【果期】10～12 月。

【生境】生于海拔 1000m 以下的山坡或林缘阳光充足处。

【分布】漳州市（南靖县、长泰县）、龙岩市、泉州市（永春县、德化县）、福州市（福清市、闽侯县）、三明市（永安市、沙县）、南平市（武夷山市）。

中文名：南天竹
拉丁名：*Nandina domestica*

拼音：nán tiān zhú
科名：小檗科 Berberidaceae
属名：南天竹属 *Nandina*

1　圆锥花序顶生，大型，直立。
2　浆果球形，成熟时鲜红色，稀近黄色。
3　萼片和花瓣几相似，多数，排成多轮，每轮2片，最内部6片，白色，花瓣状，雄蕊6，子房1室，花柱短。
4　常绿灌木；叶互生，常集生于茎的上部，三回羽状复叶，羽片对生，末回小羽片3～5小叶，小叶薄革质，全缘。

【花期】3～6月。
【果期】5～11月。
【生境】生于溪边、路边或灌丛中。
【分布】三明市（永安市、泰宁县）、南平市（建瓯市、武夷山市）等地。

中文名：**榼藤**

拉丁名：*Entada phaseoloides*

拼音：kē téng

科名：豆科 Fabaceae

属名：榼藤属 *Entada*

别名：盖藤子、眼镜豆

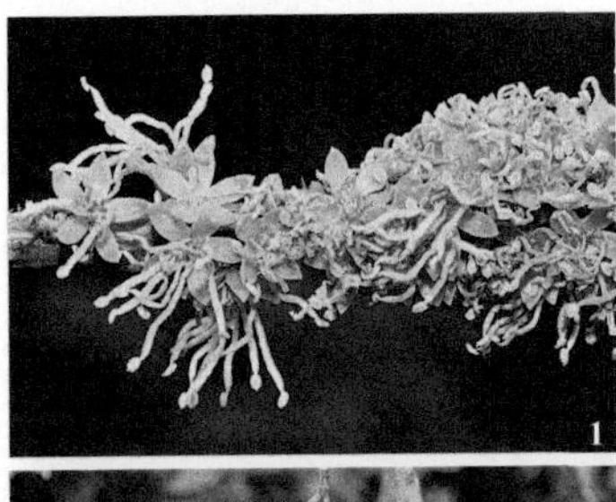

1　花序穗状；花淡黄绿色，花瓣5，雄蕊稍长于花冠。
2　荚果木质，长可达1m，弯曲，扁平；种子大，近圆形。
3　羽状复叶顶端一对羽片变为卷须。
4　常绿木质大藤本；叶为二回羽状复叶，羽片常2对，小叶基部略偏斜。

摄影：2. 朱鑫鑫

【花期】3～6月。

【果期】8～11月。

【生境】生于山涧或林中，攀缘于其他植物上。

【分布】福州市、漳州市（华安县）、宁德市等地。

中文名：云　实

拉丁名：*Caesalpinia decapetala*

拼音：yún shí

科名：豆科 Fabaceae

属名：云实属 *Caesalpinia*

1　花瓣 5，黄色，雄蕊 10。

2　荚果长椭圆状舌形，沿背缝线具狭翅，顶端具喙。

3　攀缘灌木，茎生倒钩刺；总状花序顶生。

4　叶互生，为二回羽状复叶，小叶薄纸质。

【花果期】4～9 月。

【生境】生于山坡、山地路旁沟岸边。

【分布】漳州市（南靖县）、莆田市（仙游县）、三明市（将乐县、永安市、泰宁县）、南平市、福州市等地。

主要参考文献

何国生. 2013. 福建树木彩色图鉴. 厦门: 厦门大学出版社: 1-501.

林来官. 1982-1995. 福建植物志 (第1-6卷). 福州: 福建科学技术出版社.

马炜梁. 2015. 植物学 (第2版). 北京: 高等教育出版社: 1-399.

祁承经, 汤庚国. 2015. 树木学 (南方本) (第3版). 北京: 中国林业出版社: 1-649.

杨永. 2015. 中国裸子植物的多样性和地理分布. 生物多样性, 23 (2): 243-246.

游水生, 兰思仁, 陈世品, 游章湉. 2013. 福建木本植物检索表. 北京: 中国林业出版社: 1-369.

张志翔, 张钢民, 赵良成, 孙学刚, 穆立蔷, 闫双喜. 2014. 中国北方常见树木快速识别. 北京: 中国林业出版社: 1-226.

中国科学院中国植物志编辑委员会. 1959-2004. 中国植物志 (第1-80卷). 北京: 科学出版社.

Wu C Y, Raven P H, Hong D Y. 1994-2013. Flora of China (Vol. 1-25). Beijing: Science Press; St. Louis: Missouri Botanical Garden Press.

中文名索引

拉丁学名索引

C

Q

R

S

T

U

V